ABHANDLUNGEN DER SÄCHSISCHEN AKADEMIE
DER WISSENSCHAFTEN ZU LEIPZIG

Mathematisch-naturwissenschaftliche Klasse

Band 52 · Heft 4

MANFRED KLOSE

BEITRÄGE ZUR D- UND V-STRUKTUR VON WASSER UND SPEZIELLEN WÄSSRIGEN ELEKTROLYTLÖSUNGEN

Mit 22 Abbildungen und 21 Tabellen

AKADEMIE-VERLAG · BERLIN
1974

Vorgelegt durch Herrn Prof. Dr. Buchheim am 18. 12. 1972
Manuskript eingereicht am 2. 2. 1973
Druckfertig erklärt am 14. Februar 1974

Erschienen im Akademie-Verlag, 108 Berlin, Leipziger Straße 3–4

Lizenznummer: 202 · 100/531/74
Gesamtherstellung: VEB Druckhaus „Maxim Gorki", 74 Altenburg
Bestellnummer: 761 985 5 (2025/52/4) · LSV 1215, 1235
Printed in GDR

EVP 16,–

VORWORT

Die vorliegende Arbeit nahm ihren Ausgang von Fragestellungen, die die moderne Thermalhydrotherapie aufgeworfen hat. Die Thermalwässer gehören zu denjenigen Wasservorkommen, deren sich von altersher die Heilkunst bedient hat, ohne daß ihre Heilwirkungen, die durch z. T. über Jahrtausende reichende Erfahrungen verbürgt sind, sich bisher, selbst im Lichte moderner Naturforschung und Medizin, haben ganz verstehen lassen. Während eine biologische Wirkung von Heilwässern mit hohem Gehalt an Wirkstoffen, wie Peloiden, Solen u. a., oder solchen mit schwachen Gehalten an biologisch extrem wirksamen Komponenten, wie Radon, physikochemisch und physiologisch plausibel erscheint, gibt es Heilwasservorkommen, bei denen ein solcher, gewissermaßen primitiver „Physikalismus" schwer begreiflich ist. Es sind dieses die Akratopegen und Akratothermen, d. h. Wässer mit extrem niedriger Mineralisation (< 1 g/l), aber deutlicher medizinischer Indikation. Von hier aus wird ein gewisser Skeptizismus, auch in Kreisen der Fachmedizin, genährt, der in der psychogenen Seite der Kurwirkung (Milieuveränderung, Kurdisziplin, gesellschaftliche Umwelteinflüsse usw.) die Hauptsache erblicken und der materiellen Seite eine nur untergeordnete bzw. gar keine Bedeutung beimessen möchte. Andererseits hat die Entdeckung anomaler Eigenschaften des Wassers in Quarzkapillaren durch *B. W. Derjagin* und *N. N. Fedjakin* um 1960 die Frage nach spezifischen Wasserstrukturen unter diesen Bedingungen aufgeworfen, die gleichzeitig diejenigen sind, unter denen bei Naturwässern die Beladung mit Inhaltstoffen erfolgt. Es kann heute kaum noch fraglich sein, daß die vielerseits bestätigten Anomalien des Wassers in silikatischen Kapillaren — physikalisch gesprochen — auf Verunreinigungen, d. h. auf Lösungsprozessen beruhen, die — wahrscheinlich — mit Gelbildung verbunden sind. Nachdem die Physik des Wassers als sehr unwahrscheinlich dargelegt hat, daß normales flüssiges H_2O der Polymerisation oder Cluster-Bildung in nennenswertem Umfange fähig ist, wird also die Frage nach Existenz und Lebensdauer von Ordnungszuständen irgendwelcher Art aufgeworfen, die sich im Regime hoher Temperaturen und Drücke in den Kapillaren und Haarspalten der natürlichen Gesteine, verbunden mit Lösung von SiO_2 und eventuell auch Fe- und Al-Hydroxyd, bilden konnten und für die Zusammentritt charakteristischer Spurenelemente-Ensembles maßgebend sein könnte, dem die Medizin heute eine wachsende biologische bzw. therapeutische Bedeutung beizumessen geneigt ist.

Dr. Manfred Klose hat in seiner nachfolgend größtenteils abgedruckten Dissertation in mehrjähriger, z. T. sehr mühevoller experimenteller Arbeit im Rahmen eines vom Unterzeichneten geleiteten Forschungsvorhabens der Sächsischen Akademie der Wissenschaften den vorstehend umrissenen Fragenkomplex aus rein physikalischer Sicht versucht aufzuklären. Man muß hierbei beachten, daß „Thermalwässer" infolge ihrer natürlichen Entstehung keine im physikalischen oder chemischen Sinne streng definierten Systeme darstellen, sondern verdünnte, zumeist starke Elektrolyte örtlich und zeitlich schwankender Konzentration mit außerordentlich zahlreichen Komponenten von größtenteils aber nur äußerst geringem Anteil (< 1 mg/l). Die Arbeit hat nicht nur im physikalischen, sondern auch im balneologischen Bereich einigen Widerhall vor allem deshalb gefunden, weil sie theoretisch-physikalisch unwahrscheinliche z. B. für Akratothermen typische Wasserstrukturen auch experimentell als nicht signifikant nachweisbar feststellen konnte, aber zugleich die Bedeutung eines breiten unterschwelligen Chemismus für die Physiotherapie wahrscheinlich gemacht hat.

Von medizinischer Seite wurde die Durchführung besonders durch die Leitung des Tschechoslowakischen Staatsbades Jánske Lázně, insbesondere die Herren *Dr. med. Pohl* und *Dr. med. Tamm*, durch den Vorstand des Forschungsinstitutes Gastein der Österreichischen Akademie der Wissenschaften, Herrn *Prof. Dr. med. Scheminzky* †, Innsbruck, und durch den Direktor des Forschungsinstitutes für Balneologie und Kurortwissenschaft Bad Elster, Herrn *Prof. Dr. med. habil. Jordan* sowie Herrn *Dr. rer. nat. Plötner*, von geologischer Seite besonders durch Herrn *Prof. em. Dr. Watznauer*, Bergakademie Freiberg, hilfreiches Interesse zuteil. Ihnen und zahlreichen weiteren, hier nicht aufzuzählenden Kollegen aus den Bereichen Medizin und Physik, und — last not least — der Sächsischen Akademie der Wissenschaften zu Leipzig sei für die Förderung der Untersuchung an dieser Stelle herzlich gedankt.

W. Buchheim

INHALT

I. Einleitung

In den letzten 15 Jahren ist die Erforschung der Struktur des Wassers und wäßriger Lösungen stark intensiviert worden. Ursachen dafür waren vor allem die Bemühungen zur Entsalzung von Meerwasser sowie die Entwicklung der Molekularbiologie [1]. In jüngster Vergangenheit erschienen außerdem zahlreiche Beiträge über strukturelle Eigenschaften von Haftwasser, insbesondere auch über dessen Wechselwirkung mit verschiedenen Speichermedien (z. B. [2]). Diese Beiträge dienen dazu, unsere noch geringen Kenntnisse über den Prozeß der Mineralisation des Wassers bei dessen Transport durch Speichergestein zu mehren. Mittels Kernresonanz und Schwingungsspektroskopie konnte gezeigt werden, daß die Struktur des Haftwassers ähnlich der des Kristallwassers gegenüber normalem Wasser verändert ist. Von Derjagin und Mitarbeitern [3, 4] wurde dabei die für die Theorie der Struktur des Wassers und der wäßrigen Lösungen folgenschwere Hypothese aufgestellt, daß derartig veränderte (anomale) Strukturen des Wassers nach entsprechender Vorbehandlung auch ohne Anwesenheit adsorbierender Grenzflächen auf längere Zeit erhalten bleiben können. Das wurde gefolgert auf Grund verschiedener Beobachtungsergebnisse (Viskosität, Oberflächenspannung, Schwingungsspektren) an Wasser, nachdem dieses in Quarzkapillaren kondensierte und anschließend dieselben durchströmt hatte.

Ursächlich gleicher Art ist die Vermutung Vouk's [5, 6] über die Struktur der Thermalwässer (*T. W.*). Dabei wird ihre biologische Wirkung im Gegensatz zu gewöhnlichem Wasser als Indiz sowie als Folge ihrer anomalen Struktur hervorgehoben. — Zur Klärung dieses Sachverhalts wurden vom Verfasser schwachmineralisierte akratothermale Wässer untersucht, bei denen der Einfluß der gelösten Stoffe auf die D (diffusionally-averaged)- als auch auf die V (vibrationally-averaged)-Struktur gering ist. Eventuell vorhandene anomalen Strukturen müßten also bei ihnen verhältnismäßig leicht erkennbar sein.

Zur Erfassung des Einflusses des Gelösten auf die D-Struktur des Wassers wird im Kapitel II. zunächst z. B. über die hochempfindlichen dampfdruckosmometrischen Untersuchungen berichtet, mittels derer die Aktivitätskoeffizienten spezieller Thermalwässer und vergleichender 1-1-wertiger Elektrolytlösungen bestimmt wurden. Ihre exakte Interpretation ist im Falle der *T.W.* nur durch zusätzlichen Vergleich mit den analogen theoretisch berechneten Werten möglich, da ja nicht vorausgesetzt werden sollte, daß die reine Wasserkomponente des *T.W.* gewöhnlichem Wasser entspricht. Diese Berechnung genannter thermodynamischer Größen erfolgt näherungsweise nach der Debye-Hückel-Theorie [7]. — Über die erstmals zu diesem Zweck der Wasserstrukturuntersuchungen eingesetzte Elektronen-Anlagerungs-Massenspektrographie konnten Rückschlüsse auf die Primärzerfallprodukte (Cluster) der Netzstruktur der flüssigen Phase der reinen Wasserkomponente der *T.W.* gezogen werden. Neben dem direkten Hinweis über die Existenz von Wasserassoziaten in gasförmiger und flüssiger Phase, wird dadurch die in die thermodynamischen Berechnungen eingehende Dielektrizitätskonstante des Lösungsmittels und die bei den Trübungsuntersuchungen zu berücksichtigende isotherme Kompressibilität (vgl. Kap. II.2.) klarer definiert.

Aufgrund der Fortschritte in der theoretischen Behandlung von wäßrigen Lösungen höherer Konzentration bis zum Übergang zu schwachen Elektrolyten [7] und von wäßrigen Lösungen mit mehr als zwei verschiedenen Ionenarten [8] sowie aufgrund der Fortschritte in der experimentellen Technik, speziell auch in der Raman-Spektrometrie (Laser-Einsatz), ist die *V*-Strukturuntersuchung wäßriger Lösungen in letzter Zeit aktualisiert worden [9]. Gegenüber entsprechenden *IR*-Untersuchungen des Grundschwingungsbereichs besitzt die ramanspektrometrische Untersuchung dabei den Vorteil, daß Wechselwirkungseffekte des Wassers mit dem Küvettenmaterial und Schwierigkeiten der Bildung homogener Schichtdicken der Proben ausgeschlossen werden. Mit diesen Schwierigkeiten der evidenten Bestimmung der OH-Valenzassoziationsbande im *IR*-Grundschwingungsgebiet infolge kapillarer Probenschichtdicken wird sich einleitend zur *V*-Strukturanalyse im Kapitel III.1. befaßt. Dabei wird versucht, die gemessenen Bandenfrequenzverschiebungen bei unterschiedlichem Küvettenfenstermaterial modelltheoretisch zu erklären. Diesem Teil wird ein relativ breiter Raum gewidmet, da die Meßergebnisse über o. g. Bande aufgrund der Nichtberücksichtigung dieser und anderer Eigenschaften [10, 11] zu zahlreichen Fehlschlüssen geführt haben dürften [12, 13].

Die in der Literatur vorliegenden ramanspektroskopischen Untersuchungen zeigen, daß die deutlichsten Änderungen im Raman-Spektrum des Wassers durch Temperatur- oder Elektrolyteinfluß ebenfalls im OH-Valenzschwindungsgebiet (intensivste Bande) auftreten.

Im Kapitel III.2.3. wird zur Bestimmung derartiger Veränderungen zunächst die Ermittlung des wahren Linienprofils der Bande vorgenommen. Durch Faltung des gemessenen Raman-Profils mit der Apparatefunktion wird insbesondere der Einfluß des Spektralapparates ausgeschaltet. Die Lösung des Faltungsintegrals erfolgt dabei mittels Fourier-Transformation bzw. Voigt-Funktionen. Erst danach ist es möglich, die für die Bestimmung der *V*-Struktur (von Wasser, Thermalwasser und speziellen Elektrolytlösungen) notwendigen Frequenz- und Intensitätsanalysen durchzuführen. Die damit verbundene Auflösung erfolgt unter der Annahme, daß die Teillinien Gauss-Profil besitzen. Aus den unter Einbeziehung der Störungsrechnung für dicht benachbarte Niveaus, d. h. der Untersuchung der sogenannten Fermi-Resonanz des Obertons der Deformationsschwingung mit der symmetrischen Valenzschwingung des Wassers, erhaltenen spektroskopischen Daten wird abschließend versucht, thermodynamische Eigenschaften (vergleichend zu Kapitel II.) herzuleiten.

Im Anhang der Dissertation, nach der die hier vorliegenden Ausführungen vorgenommen worden sind, sind schließlich vor allem weitgehend abgeschlossene Beiträge enthalten, die im Zusammenhang mit der Nutzung der Thermalwässer (Therapie) von Bedeutung sind. Das sind z. B. *UV*-Absorptionsuntersuchungen, die an verschiedenen Thermalwässern der DDR, ČSSR und Ungarns durchgeführt worden sind. Diese Beiträge sind nur indirekt kennzeichnend für die *V*- bzw. *D*-Struktur der Thermalwässer (die *UV*-Absorption ist bekanntlich nur für H_2O-Dampf im Vakuum-*UV*-Gebiet vorhanden [14]). Die in Verbindung damit (bei Berücksichtigung balneotechnischer Einflüsse) bestimmten Eindringtiefen der *UV*-Strahlung in Thermalwasser sind die Folge von Absorption bzw. auch von Fluoreszenz der darin enthaltenen Ionen sowie der Rayleigh-Streuung an Wassermolekülen und Gelöstem (Untersuchung z. B. des Einflusses von Schwermetallionen). Zur Erklärung des *UV*-Absorptionsverhaltens wurden an pulverförmigen Rückständen der *T.W.* erstmalig massenspektrographische Elementanalysen durchgeführt. Bei einer Nachweisgrenze von 1 ppm konnten zahlreiche neue Spurenelemente für alle durchmusterten *T.W.* gefunden werden, deren Ionen z. T. auch fluoreszenzwirksam sein können, was obige Annahme der Fluoreszenz verschiedener Ionen des *T.W.* bei *UV*-Strahlen-Einwirkung unterstützt. Aufgrund des dabei vorhandenen Matrixeffektes und des Fehlens matrixspezifischer Elementempfindlichkeitsfaktoren zur Korrektur der gemessenen Konzentrationswerte ist diese Methode gegenwärtig vor allem zur Spurenelementkontrolle der *T.W.* zweckmäßig. Die vergleichsweise an Oberflächenwässern durchgeführten Untersuchungen zeigen, daß in diesen Oberflächenwässern Spurenelemente weitgehend fehlen und daß die Spurenelemente für das Speichergestein kennzeichnend sind, das das *T.W.* durchströmt. Dieses Auftreten zusätzlicher Spurenelemente im *T.W.* erweitert das Spektrum der Möglichkeiten, die eingangs genannte biologische Wirksamkeit der *T.W.* zu begründen.

II. Zur D-Struktur von Wasser und speziellen Thermalwässern ($c < 3 \cdot 10^{-2}$ mol $\cdot\, l^{-1}$)

1. Thermodynamische Untersuchungen — Vergleich zu verschiedenen 1-1-wertigen wäßrigen Elektrolyten

1.1. Vorbemerkungen, Definitionen

Als natürliche Elektrolytlösungen werden im folgenden Systeme wäßrige Lösungen bezeichnet, die außer $N_1 \ldots N_i \ldots N_s$ Ionen der Sorten $1 \ldots i \ldots s$ der Wertigkeiten $z_1 \ldots z_i \ldots z_s$ noch eine Anzahl $N_{s+1} \ldots N_s{}^*$ undissoziierter Moleküle (z. B. H_2SiO_3, CO_2) enthalten. Die Elektrovalenzen z_i sind sowohl positiv als auch negativ. Die Gesamtladung dieser Systeme muß natürlich Null sein, d. h., es gilt

$$\varepsilon \sum_{i=1}^{s} N_i z_i = 0 \tag{1}$$

mit

ε = Elementarladung,
N_i = Anzahl der Ionen pro 1000 cm^3 Lösung.

Für derartige Systeme wäßriger Lösungen können — analog der McMillan-Mayer-Lösungen-Theorie [1] — die thermodynamischen Eigenschaften näherungsweise mit Hilfe einer Potentialfunktion $u_{ij}(r)$ bestimmt werden, die die Potentiale der interionischen Kräfte im reinen Lösungsmittel enthält. Diese Potentiale werden dabei als paarweise additiv entsprechend

$$u_{ij}(r) = COUL_{ij} + COR_{ij} + CAV_{ij} + GUR_{ij} \tag{2}$$

angenommen. Dafür gelten die folgenden Definitionen:

$$COUL_{ij} = \frac{z_i z_j \varepsilon^2}{D_0 r}$$

D_0 ist die Dielektrizitätskonstante des reinen Lösungsmittels;

$$COR_{ij} = \frac{B_{ij}}{r^9}$$

ist der sogenannte innere Repulsionsterm. B_{ij} kann ausgedrückt werden (vgl. auch Kap. III., Gln. (7, 8)) durch die Summe der Pauling-Radien der Ionen $r_i^* + r_j^*$;

$$CAV_{ij} = (1/2D_0 r^4)\,[(D_0 - D)/(2D_0 + D)] \times (z_i^2 \varepsilon^2 r_j^{*3} + z_j^2 \varepsilon^2 r_i^{*3})$$

ist ein Repulsionsterm, der beinhaltet, daß jedes Ion i, innerhalb des Lösungsmittels einen Hohlraum vom Radius r_i^* und der Dielektrizitätskonstanten $D \sim 2$ besitzt;

$$GUR_{ij} = A_{ij} V_\omega^{-1} V_{mu}(r_i^* + \omega,\, r_j^* + \omega,\, r)$$

ist der sogenannte „Gurney"-Term, der den Beitrag überlappender Sphären der Ion-Ion-Wechselwirkung enthält. A_{ij} ist dabei der Koeffizient, der durch Vergleich mit den experimentellen Daten dem Modell angepaßt wird. V_{ω} wird als das mittlere Volumen eines gelösten Moleküls (Molvolumen geteilt durch Avogadrosche Zahl) bezeichnet. $V_{mu}(x, y, r)$ ist das „Überlappungsvolumen" einer (Hydrat-)Sphäre vom Radius x mit einer (Hydrat-)Sphäre vom Radius y und r ist deren Zentralabstand. ω ist die Dicke dieser gemeinsamen Sphäre ($\omega = 2{,}76$ Å = Durchmesser des Wassermoleküls). A_{ij} berücksichtigt die Änderung der freien Energie, wenn sich die Ionen so stark nähern, daß hydratisiertes Wasser verdrängt und in den Normalzustand abgestoßen wird.

In dem vorliegenden Fall der Untersuchung von Thermalwässern der Konzentration $c < 3 \cdot 10^{-2}$ mol $\cdot\, l^{-1}$ mit $r \gg r_i^*, r_j^*$ (somit gilt auch $A_{ij} \to 0$, $V_{mu} \to 0$) sind die Beiträge der jeweiligen Repulsionsterme und des Gurney-Terms in (2) gegenüber dem Coulomb-Anteil vernachlässigbar. Nach Debye und Hückel [2] kann angenommen werden, daß jedes Ion von einer im Mittel kugelsymmetrischen entgegengesetzt geladenen Ionenwolke umgeben ist, deren Ladungsdichte mit dem Abstand r vom betreffenden Ion abnimmt. Wird außer (1) noch vorausgesetzt, daß die mittlere elektrostatische Wechselwirkung zwischen zwei Ionen ($\varepsilon^2 z^2/D_0 r$) klein im Vergleich zur kinetischen Energie (kT) ist (dem entspricht die Beschränkung auf hinreichend verdünnte Elektrolytlösungen), dann ergibt sich das Potential $\varphi_j(r)$ der Ionenwolke um das j-te Ion unmittelbar als Lösung der Poissonschen Differentialgleichung der Elektrostatik für φ_i [6]. Es wird angenommen, daß daraus die elektrostatischen Wechselwirkungseigenschaften spezieller Systeme natürlicher wäßriger Lösungen — beispielsweise der Thermalwässer — hergeleitet werden können. Am Beispiel der Thermalwässer $\mathfrak{A}$ (Warmbad) und $\mathfrak{E}$ (Pravřidlo/Teplice) wird danach ihre D-Struktur (diffusionally-averaged structure) — dabei speziell das elektrische Potential, der osmotische Druck, die osmotischen und Aktivitäts-Koeffizienten — theoretisch bestimmt und mit experimentellen Werten verglichen. Aufgrund der zahlreichen Monographien über die Debye-Hückel-Theorie wird im folgenden Abschnitt bei der nach dieser Theorie erfolgten theoretischen Bestimmung o. g. Größen, nur so weit auf den theoretischen Sachverhalt eingegangen, wie das dem Verfasser zur Erläuterung der entsprechenden Gleichungen als unbedingt notwendig erscheint.

Die folgenden Untersuchungen schließen sich ähnlichen Arbeiten von Rush und Johnson [3] an synthetischen See-Wasser-Lösungen (präpariert aus NaCl, KCl, $MgCl_2$ und Na_2SO_4) sowie von Scatchard u. a. [4] an binären Mischungen von NaCl, Na_2SO_4, $MgSO_4$ und $MgCl_2$ in Wasser an. Für diese sogenannten Vier-Ionen-Systeme ergeben sich bereits bei der theoretischen näherungsweisen Bestimmung der thermodynamischen Eigenschaften nur mühsam berechenbare „Nicht-Debye-Hückel"-Terme infolge der Wechselwirkung der verschiedenen Ionen untereinander. In unserem Fall würde die Kompliziertheit dieser Terme noch zunehmen. Aus diesem Grunde setzen wir für die jeweilige thermodynamisch zu bestimmende Größe (X_i):

$$X_i = X_i^{\text{D.H.}} + X_i^{\text{N.D.H.}}, \tag{2}$$

wobei $X_i^{\text{D.H.}}$ den theoretisch bestimmten Debye-Hückel-Term und $X_i^{\text{N.D.H.}}$ den sogenannten „Nicht-Debye-Hückel"-Term, der durch experimentellen Vergleich näherungsweise abgeschätzt wird, darstellen.

1.2. *Berechnung von elektrischem Potential, osmotischem Druck und Aktivitätskoeffizienten*

Die elektrische Energie der Ionenlösung ergibt sich nach [5] für verdünnte Lösungen zu

$$U_e^{\text{D.H.}} = -\sum_{i=1}^{s} \frac{N_i \varepsilon^2 z_i^2 \varkappa}{2 D_0}. \tag{3}$$

D_0 ist die Dielektrizitätskonstante der Lösung, die identifiziert wird mit der des Lösungsmittels, da im Falle der verdünnten wäßrigen Lösungen deren Unterschied vernachlässigbar klein ist.

$1/\varkappa$ ist definiert als die sogenannte Dicke der Ionenwolke (enthält die Gesamtladung der Ionen der Lösung, die gleich der entgegengesetzten Ladung eines aus dieser hervorgehobenen Ions ist) und gibt die Länge an, auf die die elektrische Dichte in der Wolke auf den e-ten Teil absinkt (vgl. [6]):

$$\frac{1}{\varkappa} = \frac{\sqrt{D_0 kT}}{\sqrt{4\pi\varepsilon^2}\sqrt{\sum_{i=1}^{s} n_i z_i^2}}, \qquad n_i = \frac{N_i}{1000}. \tag{4}$$

Bei der Einführung der Ionenstärke, die definiert ist durch

$$J = \frac{1}{2}\sum_{i=1}^{s} \gamma_i z_i^2 \tag{5}$$

und Angabe der Konzentrationen der Ionen γ_i in Mol pro Liter Lösung zu

$$\gamma_i = \frac{n_i \cdot 1000}{N} \qquad (N = 6{,}023 \cdot 10^{23})$$

sowie $T = 298{,}2\,°\mathrm{K}$, $D_0 = 78{,}25$ [6] und $\varepsilon = 4{,}803 \cdot 10^{-10}$ e.s.E. ergibt sich statt (4)

$$\frac{1}{\varkappa} = \frac{4{,}292 \cdot 10^{-8}}{\sqrt{\sum_{i=1}^{s} \gamma_i z_i^2}}. \tag{4'}$$

Mit den Konzentrationswerten der Tab. 1/2 erhalten wir somit für die Dicke der Ionenatmosphäre und die elektrische Energie (vgl. dazu auch Kap. III, Abschn. 1.4) der Systeme $\mathfrak{A}$ und $\mathfrak{E}$:

$$\frac{1}{\varkappa_{(\mathfrak{A})}} = 4{,}430 \cdot 10^{-7}\ \mathrm{cm}, \qquad U_{e(\mathfrak{A})} = -0{,}449\ \mathrm{cal}/l,$$

$$\frac{1}{\varkappa_{(\mathfrak{E})}} = 2{,}467 \cdot 10^{-7}\ \mathrm{cm}, \qquad U_{e(\mathfrak{E})} = -2{,}596\ \mathrm{cal}/l.$$

Dagegen bestimmt sich die gesamte elektrische Arbeit, die dem momentanen Entladungszustand [7] entspricht, zu

$$W = -\sum_{i=1}^{s} \frac{N_i \varepsilon^2 z_i^2 \varkappa}{3D_0} \tag{6}$$

Demzufolge beträgt

$$W_{(\mathfrak{A})} = -0{,}295\ \mathrm{cal}/l, \quad W_{(\mathfrak{E})} = -1{,}729\ \mathrm{cal}/l)$$

Durch Differentation von W nach dem Volumen V und Berücksichtigung von (4) wird bekanntlich das Korrekturglied

$$\frac{\partial W}{\partial V} = \frac{\partial W}{\partial \varkappa}\frac{\partial \varkappa}{\partial V} = \sum_{i=1}^{s} \frac{n_i \varepsilon^2 z_i^2 \varkappa}{6D_0} \tag{7}$$

für den osmotischen Druck der realen Lösung erhalten, d. h. es gilt

$$P = \bar{P} - \sum_{i=1}^{s} \frac{n_i \varepsilon^2 z_i^2 \varkappa}{6D_0} \tag{8}$$

mit

$$\bar{P} = \sum_{i=1}^{s} n_i kT, \tag{9}$$

dem osmotischen Druck der idealen Lösung nach VAN'T HOFF.

Aus (8) und (9) folgt:

$$P = \sum_{i=1}^{s} \left(1 - \frac{\varepsilon^2 z_i^2 \varkappa}{6D_0 kT}\right) n_i kT = \sum_{i=1}^{s} g_i n_i kT, \tag{8'}$$

wobei die g_i die sogenannten osmotischen Ionenkoeffizienten darstellen, die bei Multiplikation mit der wirklichen Volumenkonzentration die fiktive Volumenkonzentration ergeben. Mit $k = 1{,}3804 \cdot 10^{-23}$ Ws · grd^{-1} werden dann in unserem Fall die osmotischen Drucke der Systeme $\mathfrak{A}$ und $\mathfrak{C}$ zu

$$P_{(\mathfrak{A})} = 19{,}85 \cdot 10^{-3}\ \mathrm{Ws/cm^3} = 202{,}57\ \mathrm{p/cm^2}$$

$$P_{(\mathfrak{C})} = 64{,}38 \cdot 10^{-3}\ \mathrm{Ws/cm^3} = 657{,}0\ \mathrm{p/cm^2}$$

bestimmt.

Die Tab. 1 und 2 enthalten außer den Werten zur Berechnung des elektrischen Potentials und der osmotischen Koeffizienten, die Aktivitätskoeffizienten (Logarithmen) der gelösten Bestandteile $\ln f_i$ und des Lösungsmittels $\ln f_0$. Letztere ergeben sich durch partielle Differentiation des Aktivitätspotentials $\frac{W}{kT}$ (vgl. (6) und [10]) nach N_0, der Anzahl der Mole Lösungsmittel mit dem Molekel-Volumen v in der Lösung vom Gesamtvolumen V, zu

$$\ln f_0^{\mathrm{D.H.}} = \frac{\partial}{\partial N_0}\left(\frac{W}{kT}\right) = \frac{\varepsilon^2 \varkappa v}{6D_0 kT} \sum_{i=1}^{s} n_i z_i^2. \tag{10}$$

Der meßbare Aktivitätskoeffizient f_0 ist der allgemeine Begriff, aus dem sich die Mittelwerte der vorhergenannten Größen, d. h. der osmotische Koeffizient

$$g = \frac{1}{\nu} \sum_{i=1}^{s} \nu_i g_i \qquad \nu = \sum_{i=1}^{s^*} \nu_i = \sum_{i=1}^{s^*} N_i \tag{11}$$

Tabelle 1

Konzentration der gelösten Stoffe, osmotischer Druck, osmotische und Aktivitätskoeffizienten der Ionen des *T. W.* $\mathfrak{A}$

Elektrolyt	c*) [mg kg^{-1}]	$\gamma_i = Ni/N$ [10^{-3} mol kg^{-1}]	n_i [10^{17} cm^{-3}]	g_i	$g_i n_i kT$ [10^{-3} Ws cm^{-3}]	$N_i \varkappa \varepsilon^2 z_i^2 / 3D_0$ [10^{-20} Ws]	$-\ln f_i^{\mathrm{D.H.}}$
K^+	5,203	0,1330	0,8011	0,9731	0,3209	0,0178	0,0756
Na^+	48,61	2,114	12,7326	0,9731	5,0998	0,2687	0,0756
Li^+	0,155	0,0224	0,1349	0,9731	0,0540	0,0030	0,0756
NH_4^+	0,593	0,0329	0,1982	0,9731	0,0794	0,0044	0,0756
Ca^{2+}	21,01	0,5024	3,0260	0,8922	1,1112	0,2685	0,3025
Mg^{2+}	3,384	0,1392	0,8384	0,8922	0,2581	0,0794	0,3025
Fe^{2+}	1,866	0,0335	0,2018	0,8922	0,0741	0,0179	0,3025
Mn^{2+}	0,0382	0,0007	0,00422	0,8922	0,00155	0,0004	0,3025
NO_3^-	8,435	0,1360	0,8191	0,9731	0,3281	0,0182	0,0756
Cl^-	26,80	0,7558	4,5522	0,9731	1,8233	0,1010	0,0756
SO_4^{2-}	28,62	0,2979	1,7943	0,8922	0,6589	0,1592	0,3025
HCO_3^-	134,60	2,206	13,2867	0,9731	5,3217	0,2950	0,0756
H_2SiO_3	28,76	0,3628	2,2177	1	0,9128	—	—
CO_2	67,61	1,536	9,2513	1	3,8078	—	—

$kT = 0{,}411 \cdot 10^{-20}$ Ws; $RT = 2{,}469 \cdot 10^3$ Ws/mol $= 0{,}5901$ kcal/mol

*) vgl. [8]

Tabelle 2

Vgl. Text von Tab. 1 — *T. W.* 𝔈

Elektrolyt	c*) [mg · kg^{-1}]	$\nu_i = N_i/N$ [10^{-3} mol kg^{-1}]	n_i [10^{17} cm^{-3}]	g_i	$g_i n_i kT$ [10^{-3} Ws cm^{-3}]	$N_i \varkappa \varepsilon^2 z_i^2/3D_0$ [10^{-20} Ws]	$-\ln f_i^{\text{D.H.}}$
Li^+	0,517	0,074	0,4457	0,9516	0,1747	0,01755	0,1358
Na^+	230,2	10,01	60,290	0,9516	23,6373	2,4014	0,1358
K^+	8,805	0,225	1,357	0,9516	0,5320	0,0541	0,1358
Mg^{2+}	5,642	0,232	1,397	0,8064	0,4641	0,2225	0,5431
Ca^{2+}	41,44	1,043	6,282	0,8064	2,0871	1,0007	0,5431
Sr^{2+}	0,323	0,0055	0,0331	0,8064	0,0116	0,0053	0,5431
Mn^{2+}	0,890	0,008	0,0482	0,8064	0,0160	0,0077	0,5431
Fe^{2+}	Spuren	—	—	0,9516	—	—	—
F^-	6,0	0,315	1,897	0,9516	0,7437	0,0756	0,1358
Cl^-	46,96	1,324	7,974	0,9516	3,1263	0,3176	0,1358
NO_3^-	4,6	0,074	0,446	0,9516	0,1749	0,0178	0,1358
SO_4^-	92,85	0,967	5,824	0,8064	1,9350	0,9278	0,5431
HCO_3^-	565,0	9,259	55,767	0,9516	21,8640	2,2212	0,1358
H_2SiO_3	52,43	0,680	4,096	1	1,688	—	—
CO_2	140,6	3,195	19,242	1	7,928	—	—

*) siehe Tab. 1

Tabelle 3

System	c [mol/l]	$\ln f_0^{\text{D.H.}}$ [10^{-5}]
𝔄	$8{,}27 \cdot 10^{-3}$	0,4504
𝔈	$27{,}41 \cdot 10^{-3}$	2,640
H_2O/NaCl	$5 \cdot 10^{-4}$	0,01587
	10^{-3}	0,04489
	$5 \cdot 10^{-3}$	0,5004
	10^{-2}	1,417
	$5 \cdot 10^{-2}$	15,712
	10^{-1}	44,023
H_2O/KCl	$4 \cdot 10^{-4}$	0,01587
	10^{-3}	0,04489
	$5 \cdot 10^{-3}$	0,5004
	10^{-2}	1,4166
	$5 \cdot 10^{-2}$	15,850
	10^{-1}	44,288

(ν_i = Anzahl der gelösten Ionen N_i ($i = 1, \ldots, s$) sowie undissoziierten Bestandteile N_i' ($i = s + 1, \ldots, s^*$)) und der mittlere Aktivitätskoeffizient der gelösten Bestandteile

$$\ln f = \frac{1}{\nu} \sum_{i=1}^{s}{}' \nu_i \ln f_i = 0{,}4343 \lg f \qquad (12)$$

in einfacher Weise ausrechnen lassen. Die einzelnen Ionen-Aktivitätskoeffizienten werden nach Debye-Hückel [1] im Fall verdünnter wäßriger Elektrolytlösungen ($c \leqq 10^{-2}$ mol/l) aus

$$\ln f_i^{\text{D.H.}} - \frac{\varepsilon^2 z_i^2 \varkappa}{2D_0 kT} \qquad (13)$$

ermittelt.

Für die mittleren Aktivitätskoeffizienten der gelösten Bestandteile der *T. W.* 𝔄 und 𝔈 werden sodann die Werte

$$\ln f_{(\mathfrak{A})}^{\mathrm{D.H.}} = -0{,}0849 \text{ bzw. } \ln f_{(\mathfrak{E})}^{\mathrm{D.H.}} = -0{,}1501$$

und für die Aktivitätskoeffizienten des Lösungsmittels (bei Vergleich zu Standartlösungen) die Angaben der Tab. 3 (Seite 13) erhalten.

1.3. Thermoelektrische Bestimmung thermodynamischer Größen (nach 1.2.) mittels Dampfdruck-Osmometrie

1.3.1. Dampfdruck-Osmometer und Wirkungsweise

Die thermoelektrische Differential-Dampfdruck-Methode wurde erstmalig von HILL [12] im Jahre 1930 beschrieben. Wegen der dabei nachzuweisenden relativ kleinen Temperaturdifferenzen wurde sie jedoch erst ca. 35 Jahre später in weitem Maße genutzt, als dafür entsprechende (empfindliche, rauscharme, langzeitstabile) Thermistoren zur Verfügung standen [13].

Nach dieser Methode wurde vom Verfasser (vgl. [14]) ein Dampfdruck-Osmometer aufgebaut, dessen Wirkungsweise wie folgt ist: In einer über einen doppelthermostatisierten Wasserkreislauf auf ≈ 0,05 °C konstant gehaltenen Meßzelle (zu diesem Zweck wurde diese und die Wasserzuführungen mit Schaumpolstyrol (3 cm dick) verkleidet und die Meßzellenaußenwand (Messing) noch vernickelt; vgl. Abb. 1) befindet sich in einer Quarzschale das Lösungsmittel.

Bei der gewählten Meßtemperatur von 25 °C stellt sich im Dampfraum ein entsprechender konstanter Lösungsmitteldampfdruck ein. Im Dampfraum befinden sich auch die zwei Thermi-

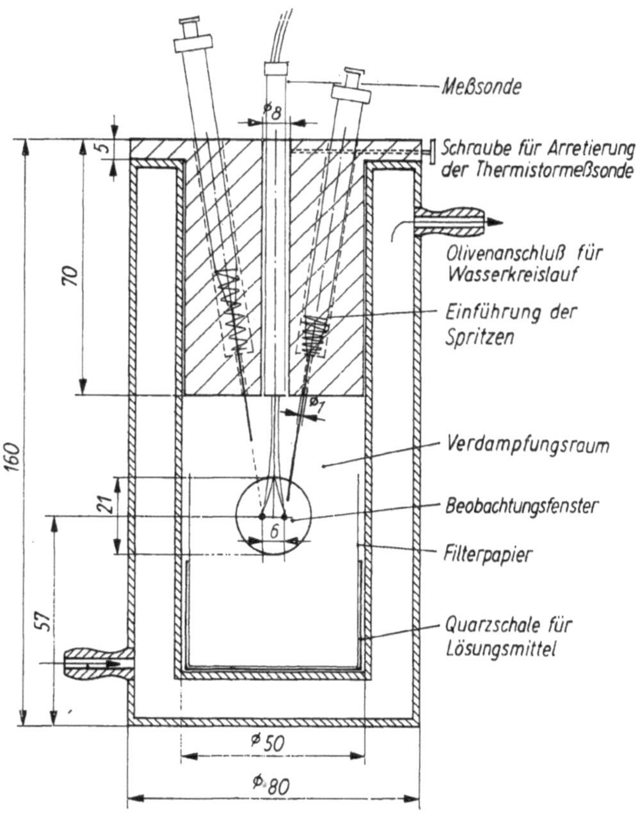

Abb. 1. Meßzelle des Dampfdruckosmometers

storen (Meßsonde) als Temperaturfühler. Mittels Spritzen wird zunächst an deren beiden Thermistorenperlen je ein Tropfen des Lösungsmittels gebracht. Da die Umgebung dampfgesättigt ist (zu diesem Zweck ist — wie in Abb. 1 gezeigt — ein Filterpapier in die Quarzschale eingelegt worden), nehmen beide Thermistoren die Temperatur der Meßzelle an. Wird nun ein Lösungsmitteltropfen durch einen Lösungstropfen ersetzt, so stellt sich dieser auf eine höhere Temperatur ein. Er hat zunächst einen niedrigeren Dampfdruck als der Lösungsmitteltropfen am anderen Thermistor. Aus dem Dampfraum kondensiert so viel Lösungsmittel an den Lösungstropfen heran, bis er durch die Kondensationswärme so warm geworden ist, daß seinDampfdruck

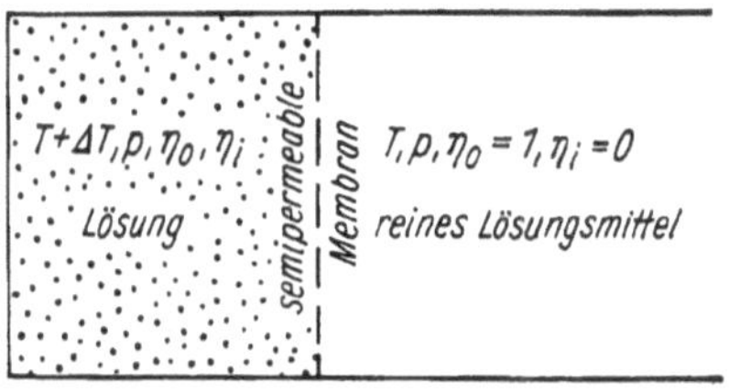

Abb. 2. Osmotisches Gleichgewicht, semipermeable Wand ≙ Dampfraum

dem in der Meßzelle herrschenden Dampfdruck entspricht. Dabei stellt sich zwischen beiden Thermistoren eine von der Tropfengröße nach [15] unabhängige Temperaturdifferenz ΔT ein, die gemessen wird. Im Gleichgewichtszustand gilt (vgl. [16]), daß die chemischen Potentiale von reinem Lösungsmittel (LM) $\mu_{LM}(T, \eta_0 = 1)$ und Lösungsmittel (L) der Lösung $\mu_L(T + \Delta T$, $\eta \neq 1)$ gleich sind (η_0 bezeichnet den Molenbruch des LM). Dafür kann geschrieben werden:

$$\mu_{LM}(T, \eta_0 = 1) = \mu_L(T + \Delta T, \eta_0 \neq 1) \doteq \mu_L{}^*(T + \Delta T) + RT \ln a_f . \tag{14}$$

Die Normierung der Aktivität a_f erfolgt dabei so, daß für $\eta_0 = 1$ $a_f = 1$ und somit das Standardpotential $\mu_L{}^*(T + \Delta T)$ der jeweiligen Lösung gleich dem chemischen Potential der reinen Phase wird. Anstatt (14) können wir dann schreiben

$$\mu^*_{LM}(T, \eta_0 = 1) - \mu_L{}^*(T + \Delta T) = \Delta\mu^* = RT \ln a_f = \int\limits_{T+\Delta T}^{T} \left(\frac{\partial \mu^*}{\partial T}\right)_p dT = -\int\limits_{T+\Delta T}^{T} \sigma^* dT = RTg \ln \eta_0 , \tag{15}$$

wobei berücksichtigt wurde

$\left(\frac{\partial \mu^*}{\partial T}\right)_p$ $= -\sigma^* =$ *konst.* = molare Entropie von LM in L im Standardzustand,
R = allgemeine Gaskonstante,
f_0 = Aktivitätskoeffizient des LM in L,
$g \ln \eta_0$ $= \ln a_f = \ln (f_0 \eta_0)$.

Für verdünnte Lösungen, für die die Konzentration (Molenbruch) des Gelösten $\sum\limits_{i=1}^{s^*} \eta_i$ klein gegenüber Eins ist $\left(\eta_0 + \sum\limits_{i=1}^{s^*} \eta_i = 1\right)$, kann Gl. (15) nach Umformung zu

$$\Delta\mu^* = \sigma^* \Delta T = k_1 \Delta T = RT \ln \left\{ f_0 \left(1 - \sum_{i=1}^{s^*} \eta_i\right)\right\} = RTg \ln \left(1 - \sum_{i=1}^{s^*} \eta_i\right) \tag{16}$$

und Reihenentwicklung der Klammerausdrücke in die Gleichung

$$\Delta\mu^* = k_1 \Delta T = RT \left\{ \ln f_0 - \sum_{i=1}^{s^*}{}' \eta_i \right\} = -RTg \sum_{i=1}^{s^*}{}' \eta_i \tag{16'}$$

überführt werden. Darin sind nun die zu messenden Aktivitätskoeffizienten f_0 direkt mit den für die Ionen der Lösung signifikanten osmotischen Koeffizienten (vgl. (8') und (11)) verknüpft. Es gilt, wie man nach (16') leicht übersieht.

$$1 - g = \frac{\ln f_0}{\sum_i' \eta_i}. \tag{17}$$

Im Gleichgewichtszustand können also nach erfolgter Eichung der Meßanordnung über die Messung der Widerstandsdifferenz ΔR_w der Thermistoren, die proportional zur Temperaturdifferenz ΔT ist, d. h.

$$\Delta R_w = k_0 \Delta T, \tag{18}$$

unmittelbar die kolligativen Eigenschaften der Lösung bestimmt werden.

Gl. (18) gilt nur für kleine Temperaturänderungen, denn die Thermistor-Widerstands-Temperatur-Funktion ist über einen großen Temperaturbereich durch die Relation $R_w = R_0 \, exp \, B \, (1/T - 1/T_0)$ gegeben, wobei R_w der Widerstand bei der Meßtemperatur T und R_0 der sogenannte Kaltwiderstand des Thermistors bei der Temperatur T_0 ist. Die Energiekonstante $B = -aT^2$ (a — Materialkoeffizient) muß möglichst gut für Meß- und Vergleichsthermistor übereinstimmen. Deshalb wurden vom Verfasser entsprechend ausgewählte Thermistorenpaare zur Messung benutzt, deren R_w-T-Charakteristik in Abb. 3 aufgezeigt wird. Die dort gekennzeichnete konstante Widerstandsdifferenz ΔR_0 der Thermistorenpaare wird zu Beginn der Messung (Lösungsmittelvergleich) mit dem 500 Ω-Potentiometer (Abb. 6) kompensiert. Die infolge der Nichtlinearität von $R_w = f(T)$ bei höheren Konzentrationen notwendigen Korrekturen von Gl. (18) wurden durch die graphisch aus Abb. 4a ermittelten Korrekturfaktoren k_f (Abb. 4b) berücksichtigt. Die Werte ΔR_{gem} von Abb. 4a wurden aus der Meßkurve (a) der Abb. 3 (bei 50facher Vergrößerung der vorliegenden Darstellung) bestimmt.

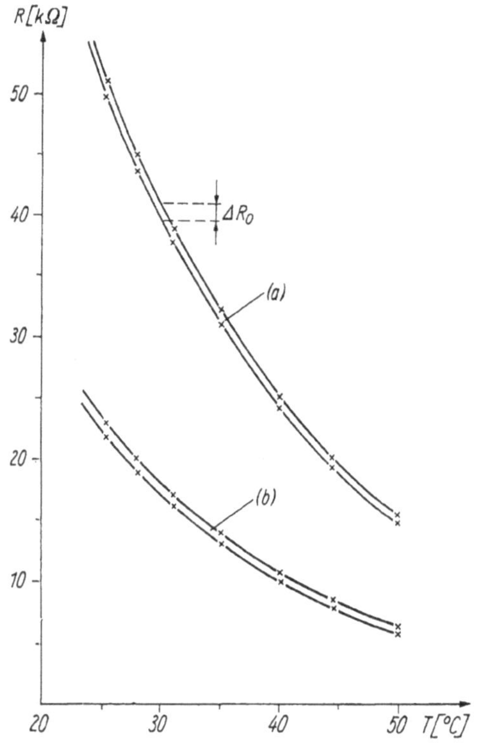

Abb. 3. Widerstands-Temperaturfunktion verschiedener Thermistorpaare der Fa. Knauer (Berlin-West). (Mit den Thermistoren (a) wurden die folgenden Untersuchungen durchgeführt)

Gl. (18) geht demzufolge in

$$\Delta R_{\text{gem}} = [1 - k_f(\Delta R)]\, k_0 \Delta T \tag{19}$$

über und wir erhalten als sogenannte korrigierte Widerstandsdifferenz

$$\Delta R_K = \frac{\Delta R_{\text{gem}}}{[1 - k_f(\Delta R)]} = k_0 \Delta T \tag{19'}$$

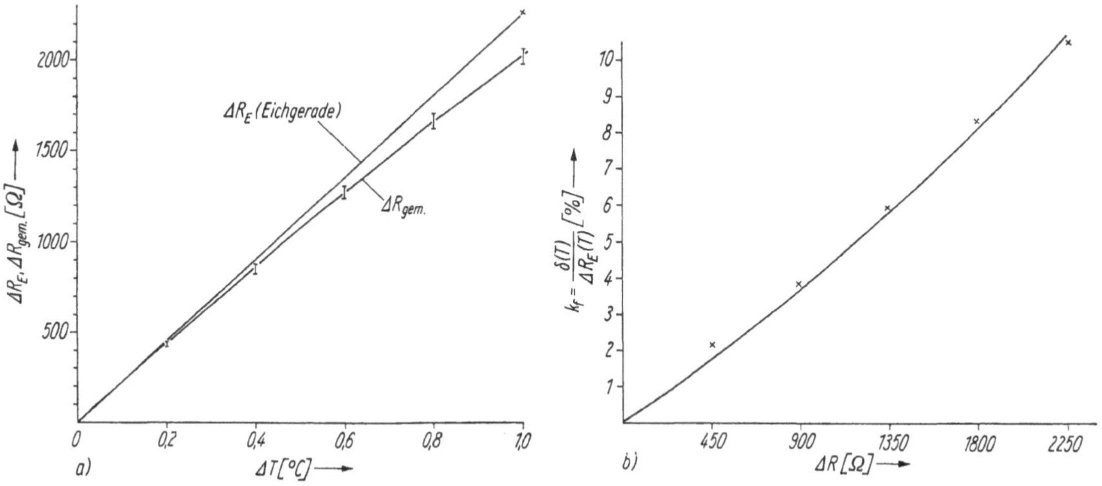

Abb. 4. Zur Ermittlung der korrigierten Widerstandsdifferenz

a) Widerstands-Eichgerade ΔR_E und gemessene Widerstandsdifferenz ΔR_{gem} in Abhängigkeit von der Temperaturdifferenz ΔT an den Thermistoren ($\Delta T = T_0 + \Delta T - T_0$, $T_0 = 25\,°C$)

b) Korrekturfaktor $k_f(\Delta R)$ von Gl. (19). $\delta = \Delta R_E(\Delta T) - \Delta R_{\text{gem}}(\Delta T)$

Im Gegensatz zu den kommerziell erhältlichen Dampfdruckosmometern mit Gleichspannungsmeßverstärkern wird in unserem Fall (Abb. 5) ΔR in einer mit Wechselspannung gespeisten Meßbrücke (3) gemessen und der dabei erfolgte Nullabgleich über einen Lock-in-Verstärker [(4—8), vgl. auch [26]] auf einem Schreiber (9) beobachtet.

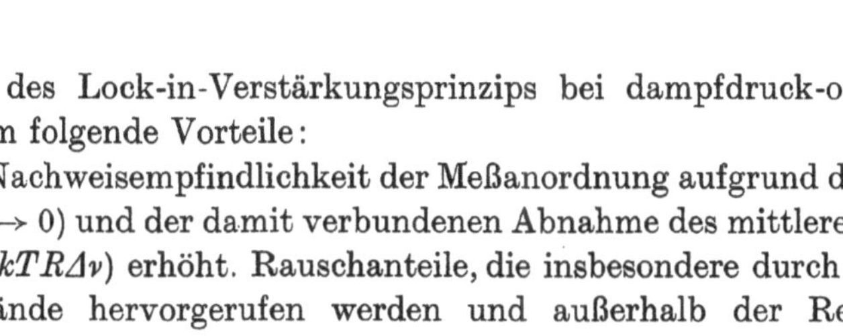

Abb. 5. Prinzipschaltbild der Meßanordnung

Die Anwendung des Lock-in-Verstärkungsprinzips bei dampfdruck-osmometrischen Messungen hat vor allem folgende Vorteile:

Erstens wird die Nachweisempfindlichkeit der Meßanordnung aufgrund der starken Frequenzbandeinengung ($\Delta\nu \to 0$) und der damit verbundenen Abnahme des mittleren Rauschspannungsquadrates ($U_R^2 = 4kTR\Delta\nu$) erhöht. Rauschanteile, die insbesondere durch die Thermistor- und Meßbrückenwiderstände hervorgerufen werden und außerhalb der Resonanzfrequenz des Verstärkers liegen, werden stark gegengekoppelt und damit weitgehend unterdrückt. Nach phasenempfindlicher Gleichrichtung können dadurch vor allem auch sehr kleine Signale, die bei gewöhnlicher Wechselspannungsverstärkung und hoher Gesamtverstärkung (wie hier der Fall) vom Rauschen überdeckt werden würden, noch nachgewiesen werden.

Zweitens werden durch das Anlegen der Wechselspannung an die Thermistoren evtl. Polarisationseffekte an den Lösungstropfen vermieden, die infolge unzureichender Lackisolation der benutzten Thermistoren auftreten können und dann ein „Kriechen" des Nullpunktes zur Folge haben.

Die Meßbrücke (Abb. 6), die die Meßzelle enthält, wird von einem RC-Generator (Abb. 4: (1), Type GF 20) mit einer zwischen (0—2) V regelbaren Spannung der Frequenz $\nu \approx 20$ Hz gespeist.

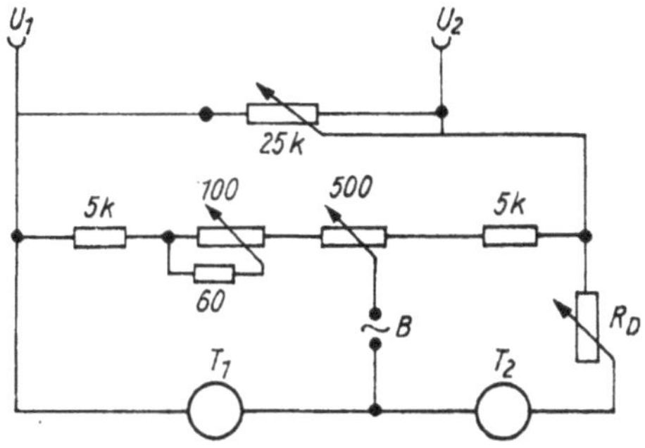

Abb. 6. Meßbrücke

Sie besteht aus weitgehend temperaturunabhängigen Konstantanwiderständen. Mittels der Dekade R_D ist die Kompensation von 0,1 Ω, ..., 1 kΩ möglich. Die Potentiometer (100 Ω, 500 Ω, 25 kΩ) können zur Fein- und Grobjustierung sowie Verstärkungsdämpfung benutzt werden.

Der zwischen RC-Generator und Meßbrücke geschaltete kapazitätsarme Transformator (Abb. 5: (2)) soll dabei eine störende kapazitative Kopplung von RC-Generator, Meßbrücke und Verstärker (4) über Erdverbindungen verhindern. Über den zweiten Ausgang des RC-Generators wird der für die phasenempfindliche Gleichrichtung (5) (zur Ansteuerung der Schaltrelais) notwendige Schaltgenerator — bestehend aus Frequenzumsetzer (6), Phasenschieber (7) und Rechteckgenerator (8) gespeist. Die richtige Phaseneinstellung wird über einen Oszillographen beobachtet. Mit der vorliegenden Meßanordnung können folgende Daten realisiert werden:

Das Auflösungsvermögen bei einer Brückenspannung von 2 V bei höchster Verstärkerstufe und $T = 25\,°C$ beträgt $\frac{R_w}{\Delta R_w} = 1{,}5 \cdot 10^7$ (R_w = Thermistorwiderstand, ΔR_w = kleinste noch auflösbare Widerstandsänderung des Thermistors), wodurch mit der verwendeten Meßsonde noch Temperaturdifferenzen $\Delta T \leq 10^{-4}\,°C$ nachgewiesen werden können. Die Langzeitstabilität (3—5 Stunden) der Anordnung beträgt 2—3 %.

1.3.2. *Eichung, Meßergebnisse*

Die Eichung des Dampfdruck-Osmometers wurde über die Vermessung wäßriger NaCl- bzw. KCl-Lösungen bekannter Konzentration vorgenommen. Die Einwaage der verschiedenen Substanzmengen von NaCl (p. A.) und KCl (p. A.) für die in Tab. 4 angegebenen getrennt hergestellten wäßrigen Lösungen erfolgte mit einem Fehler 10^{-2} Gew.-%. Im Gleichgewichtszustand wurden für die Eichlösungen und die *T.W.* 𝔄 und 𝔈 gegenüber dem Vergleichsstandard (entionisiertes Wasser) aus jeweils fünf Einzelmessungen (relative Fehler der Einzelmessungen: für $c \geq 5 \cdot 10^{-3} \approx 1\%$, für $c < 5 \cdot 10^{-3} \approx 2\%$ [äußere Temperatureinflüsse!] die folgenden aus-

Tabelle 4

ΔR_{gem} in Ω für die untersuchten wäßrigen Lösungen

c [mol · l^{-1}]	H_2O/NaCl	H_2O/KCl	c [mol · l^{-1}]	*T.W.* 𝔄(1)	*T.W.* 𝔄(2)	*T.W.* 𝔈
$5 \cdot 10^{-4}$	1,98	1,98	$8{,}27 \cdot 10^{-4}$	1,64	1,62	
10^{-3}	3,96	3,95	$1{,}654 \cdot 10^{-3}$	3,25	3,25	
$5 \cdot 10^{-3}$	19,6	19,5	$8{,}27 \cdot 10^{-3}$	16,1	15,9	
10^{-2}	38,7	38,5	$2{,}74 \cdot 10^{-3}$			5,37
$5 \cdot 10^{-2}$	187,0	186,1	$5{,}48 \cdot 10^{-3}$			10,6
10^{-1}	366,1	363,4	$27{,}4 \cdot 10^{-3}$			51,9

geglichenen Widerstandsdifferenzen ΔR_{gem} erhalten (vor Beginn der Messung Nullabgleich der Brücke, dabei Phasenverschiebung von 90° zwischen angelegter Brückenspannung und Restspannung, die über Lock-in-Verstärker verstärkt wird, bei Nullabgleich Widerstandskompensation bis zu Zehntel-Ohm-Widerständen mit Widerstandsdekade R_D, Ablesen der Hundertstel-Ohm-Widerstände nach vorhergehender Eichung am Kompensationsbandschreiber, Linearität der Zuordnung: Widerstandsänderung-Schreiberanzeige).

Mit diesen Werten sowie mit $k_0 = \Delta R_w/\Delta T|_{T=25\,^\circ\text{C}} = 3{,}133$ kΩ grd^{-1} (ergibt sich aus der Widerstands-Temperaturfunktion der verwendeten Thermistoren (a), Abb. 3; überprüfter Firmen-Wert) und $k_1 = -\sigma^* = -16{,}75$ cal · grd^{-1} · mol^{-1} (nach [17]) folgt für $k' = k_0/k_1 = -187{,}1$ Ω · cal^{-1} · mol und für $k'RT = -1{,}1077 \cdot 10^5$ Ω.

Mit der aus (16′) und (19) hergeleiteten Beziehung

$$\Delta R_k = \frac{\Delta R_{\text{gem}}}{(1-k_f)} = k_0 \Delta T = k'RT \left\{\ln f_0 - \sum_i{}' \eta_i\right\} = k'RTg \sum_i{}' \eta_i \tag{20}$$

werden alsdann die Aktivitätskoeffizienten des Lösungsmittels in der Lösung sowie die osmotischen Koeffizienten in Abhängigkeit von der Konzentration (Molenbruch) des Gelösten bestimmt.

Sind die osmotischen Koeffizienten bekannt, so lassen sich auch die Aktivitätskoeffizienten mit einer Integralbeziehung ermitteln (s. auch [18]). Nach Bjerrum [19] gilt für verdünnte Lösungen

$$d\left\{(1-g)\sum_i n_i\right\} = -\sum_i n_i d \ln f_i \tag{21}$$

Da der mittlere Aktivitätskoeffizient durch Gl. (12) definiert ist, wird gefunden

$$n\, d(1-g) + (1-g)\, dn = -n\, d \ln f, \tag{21'}$$

und die Integration liefert schließlich

$$\ln f = g - 1 + \int_0^n \frac{g(n)-1}{n}\, dn. \tag{22}$$

Dabei wird vorausgesetzt, daß für $n = 0$ auch $-\ln f_i = 0$ und damit ebenso $-\ln f = 0$ beträgt.

Zur Bestimmung der Aktivitätskoeffizienten müssen die osmotischen Untersuchungen — so auch für die *T.W.* 𝔄 und 𝔈 — möglichst von der Konzentration Null bis zu den Konzentrationen der betreffenden Lösung ausgedehnt werden, (𝔄 und 𝔈 wurden deshalb zusätzlich auf das 5- bzw. 10fache verdünnt). Die Funktion $\frac{g(n)-1}{n}$ ist für die vermessenen wäßrigen Lösungen in Abb. 7a zusammen mit den Ergebnissen der osmotischen Messungen der Leitfähigkeit nach ARRHENIUS [20] aufgetragen worden. Die Integration erfolgte durch Ausplanimetrieren der Flächen unterhalb der Kurven $\frac{g(n)-1}{n}$ bis zu dem jeweiligen n-Wert. Die so gewonnenen Werte $-\ln f_{\mathrm{D.-O.}}$ sind — abhängig von der Konzentration — zusammen mit den nach Gl. (20) erhaltenen osmotischen Koeffizienten bzw. Aktivitätskoeffizienten (Logarithmen) des Lösungsmittels in Tab. 5 wiedergegeben.

In der Abb. 7b werden die Werte $-\ln f_{\mathrm{D.-O.}}$ mit den nach (12) erhaltenen theoretischen Werten (H_2O/KCl(△), H_2O/NaCl(□), 𝔄 ■, 𝔈 ◇, s. auch Tab. 5) verglichen.

Der relative Fehler des dampfdruck-osmometrisch bestimmten Wertes $-\ln f_{\mathrm{D.-O.}}$

$$\frac{\Delta \ln f_{\mathrm{D.-O.}}}{\ln f_{\mathrm{D.-O.}}} \simeq \frac{\Delta k'}{k'} + \frac{\Delta R}{R} + \frac{\Delta \left(\sum_i' \eta_i\right)}{\sum_i' \eta_i}, \qquad (R \pm \Delta R_{\mathrm{gem}})$$

wird im Falle der Eichlösungen nur durch den relativen Fehler von k' (systematischer Fehler $\approx 2\%$) und von $R(2\%)$ bestimmt.

Im Gegensatz dazu muß noch im Falle der $T.W.$ der Konzentrationsanteil des relativen Fehlers von $-\ln f$ berücksichtigt werden, da hierbei Langzeitänderungen (vgl. [22]) auftreten, die mit Konzentrationsänderungen der gelösten Bestandteile verbunden sind. Für das $T.W.$ 𝔄(1) — die Messungen erfolgten innerhalb eines Zeitraumes von (3—5) Stunden nach Entnahme — bedeutet das einen zusätzlichen Fehler von etwa (2—3)% [24]. Wesentlich höher ist jedoch dieser konzentrationsbedingte Fehler für 𝔄(2) (3 Tage abgestanden) und 𝔈 (über einen Monat alt).

Diese Angaben (Tab. 5) des Aktivitätskoeffizienten spezieller wäßriger Lösungen — gemessen unter den Bedingungen des osmotischen Gleichgewichts — sind erstmalig. Auf den Mangel des Fehlens derartiger Meßresultate ist von FALKENHAGEN in [21] hingewiesen worden.

Tabelle 5

System	c [mol · l^{-1}]	$\sum' \eta_i$ [10^{-5}]	$\ln f_0$ [10^{-5}]	$1-g$	$-\ln f_{\mathrm{D.-O.}}$	$-\ln f$ nach Gl. (20) und (22)
𝔄(1)	$8{,}27 \cdot 10^{-4}$	1,489	0,016	0,011	0,013	—
	$1{,}654 \cdot 10^{-3}$	2,977	0,046	0,016	0,022	—
	$8{,}27 \cdot 10^{-3}$	14,88	0,486	0,032	0,079	—
𝔄(2)	$8{,}27 \cdot 10^{-4}$	1,489	0,016	0,011	0,014	—
	$1{,}654 \cdot 10^{-3}$	2,977	0,047	0,016	0,025	—
	$8{,}27 \cdot 10^{-3}$	14,88	0,557	0,037	0,090	—
𝔈	$2{,}741 \cdot 10^{-3}$	4,934	0,098	0,020	0,040	—
	$5{,}482 \cdot 10^{-3}$	9,864	0,263	0,027	0,062	—
	$27{,}41 \cdot 10^{-3}$	49,32	2,400	0,049	0,145	—
H_2O/NaCl	$5 \cdot 10^{-4}$	1,800	0,012	0,007	0,017	0,0212
	10^{-3}	3,600	0,035	0,010	0,025	0,0316
	$5 \cdot 10^{-3}$	17,994	0,383	0,021	0,060	0,0703
	10^{-2}	35,987	1,051	0,092	0,084	0,0962
	$5 \cdot 10^{-2}$	179,70	10,06	0,056	0,176	0,1952
	10^{-1}	358,709	24,07	0,067	0,232	0,2622
H_2O/KCl	$5 \cdot 10^{-4}$	1,800	0,014	0,008	0,020	0,0196
	10^{-3}	3,600	0,039	0,011	0,027	0,0272
	$5 \cdot 10^{-3}$	17,994	0,418	0,023	0,065	0,0615
	10^{-2}	35,987	1,116	0,031	0,091	0,0842
	$5 \cdot 10^{-2}$	179,70	10,69	0,060	0,189	0,1719
	10^{-1}	358,709	26,58	0,074	0,250	0,2289

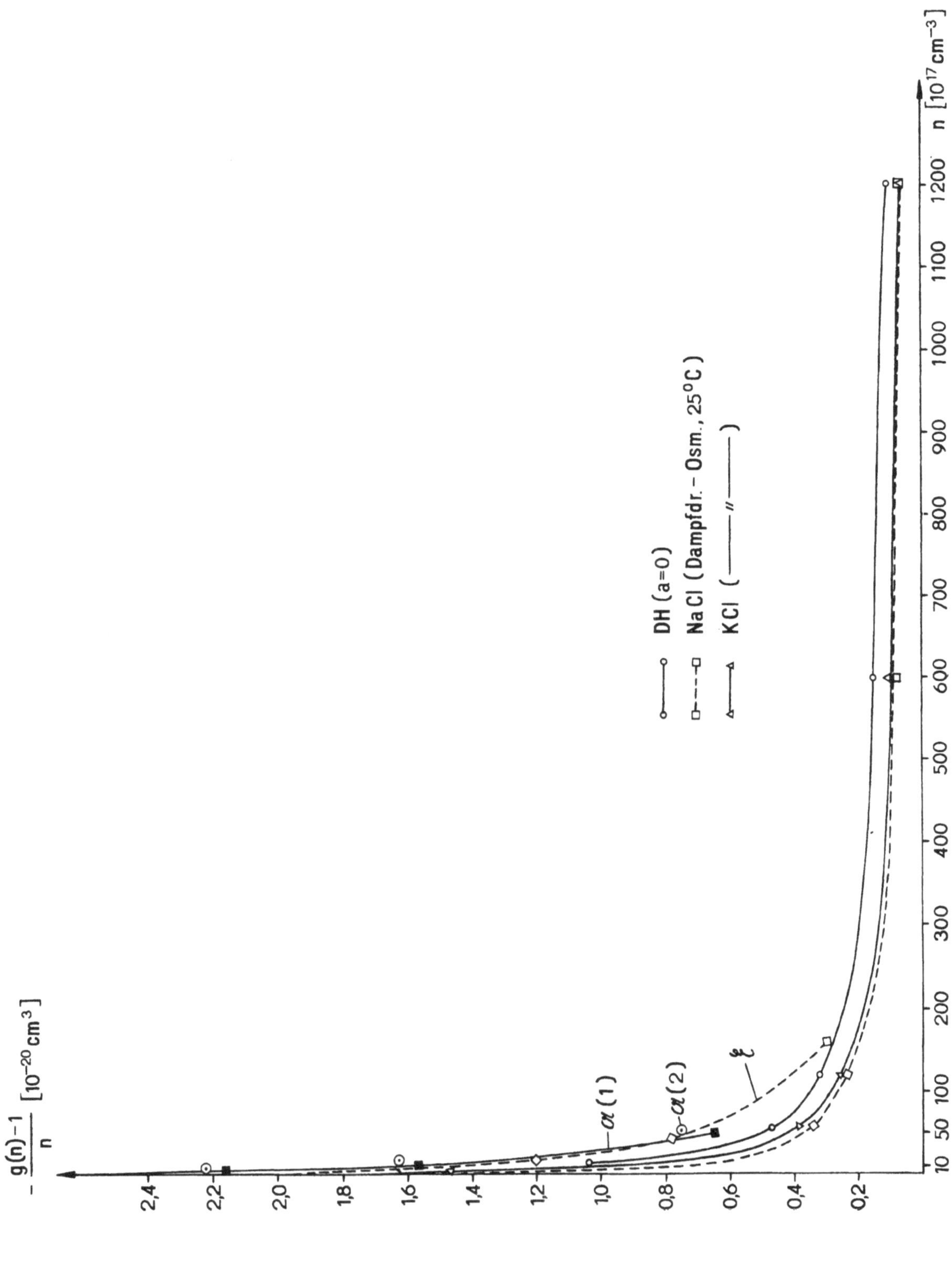

Abb. 7a. Zur Bestimmung der Aktivitätskoeffizienten nach Gl. (25)

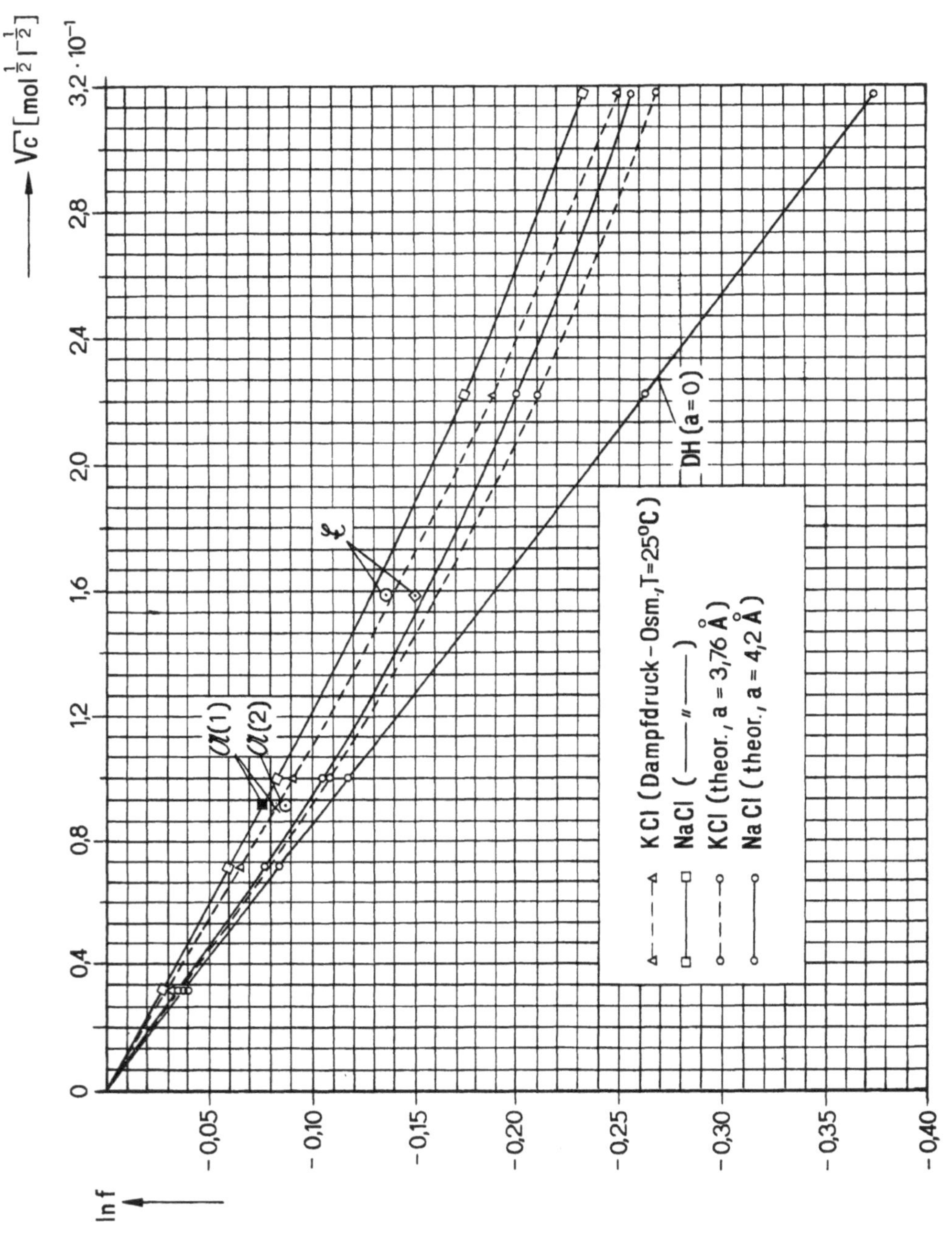

Abb. 7b. Aktivitätskoeffizienten der *T.W.* 𝔄 und 𝔈 sowie 1-1-wertiger wäßriger Elektrolyte (NaCl, KCl)

Wie an anderer Stelle (Molekulargewichtsbestimmung an Kohlenwasserstoffen [25]) bereits erwähnt, erweist sich auch in unserem Fall die dampfdruckosmometrische thermoelektrische Meßmethode als Präzisionsmethode.

1.4. *Diskussionen*

Abb. 7b zeigt den Verlauf der in Tab. 5 angegebenen Aktivitätskoeffizienten in Abhängigkeit von der Konzentration des Gelösten. Die dampfdruckosmometrischen (*D.-O.*) Meßkurven schmiegen sich dabei nach kleineren Konzentrationen hin in ähnlicher Weise wie die theoretischen Kurven der DEBYE-HÜCKEL-Grenzgeraden ($a = 0$) für 1-1-wertige Elektrolyte (und $T = 25\,°C$) an. Erst im Konzentrationsbereich $c > 10^{-3}$ mol/l sind die (*D.-O.*)-Werte für $NaCl/H_2O$ und KCl/H_2O unterschiedlich.

Dabei sind aufgrund des Radius-Effektes die Werte $-\ln f$ für die wäßrigen Lösungen von KCl (DEBYE-HÜCKEL-Radius $a = 3{,}76$ Å) größer als für entsprechende NaCl-Lösungen ($a = 4{,}2$ Å). — Die Erscheinung der Ionenassoziation, die dem Radius-Effekt entgegenwirkt, dürfte speziell in die (*D.-O.*)-Meßergebnisse für *T.W.* 𝔄 und *T.W.* 𝔈 wesentlich eingehen. Im Fall 𝔄(1) liegt der theoretische Wert für den Logarithmus des Aktivitätskoeffizienten innerhalb, im Fall 𝔄(2) außerhalb (nach kleineren negativen Werten) des Fehlerbereiches der experimentell bestimmten Daten.

Sehr deutlich dagegen ist die Vergrößerung (ca. 9%) von $-\ln f_{(D.-O.)}$ für das relativ spät nach der Entnahme vermessene *T.W.* 𝔈. Die Langzeitänderungen der *T.W.*, die sich in der exponentiellen Abnahme ihrer *UV*-Durchlässigkeit äußern, können demnach im Sinne der Bildung von Ionenassoziationen erklärt werden. Der nach (2) definierte „Nicht-DEBYE-HÜCKEL-Term" des Logarithmus des Aktivitätskoeffizienten $-\ln f^{N.D.H.}$ ist demzufolge gegenüber dem theoretischen Wert $-\ln f^{D.H.}$ für natürliche wäßrige Elektrolytlösungen wie 𝔄 (akrothermales Wasser, $c < 10^{-2}$ mol/l) vernachlässigbar. Eine entsprechende Aussage wird für das konzentriertere System 𝔈 wegen der zum Zeitpunkt der Vermessung eingetretenen Langzeitänderungen erschwert; der Wert $-\ln f^{N.D.H.}$ dürfte hierfür bei Berücksichtigung des Vorhergenannten 9% des theoretischen Wertes nicht überschreiten.

2. Elektronenanlagerungs (= *EA*)-massenspektrographische Untersuchungen zur Clusterstruktur

Die Untersuchungen wurden mit einem am *Forschungsinstitut „Manfred von Ardenne"* entwickelten *EA*-Massenspektrographen [27] durchgeführt. Infolge der schonenden Ionisierungsbedingungen (Energie eines großen Teils der Plasmaelektronen {2—4} eV entspricht etwa der Bildungsenergie negativer Wasserionen < 5,7 eV, vgl. [28] und durch die Möglichkeit, positive und negative Ionen registrieren zu können, scheint die *EA*-massenspektrographische Methode zum direkten Nachweis von Wasserassoziaten geeigneter zu sein als beispielsweise die Methode der Feldionisierung oder der Elektronenstoßionisierung.

In *EA*-Massenspektren anderer Substanzen, besonders von organischen Verbindungen, konnten bereits Molekülassoziate nachgewiesen werden [29]. Bei Anwendung der Feldionisierung[1]) bewirken die hohen elektrischen Feldstärken starke strukturelle Veränderungen (Parallelrichtung der Wasserdipole, wodurch eine freie Rotation verhindert wird) des in der Nähe der Elektrodenspitzen vorhandenen Wassers. Bei der Elektronenstoßionisierung werden aufgrund der hohen Elektronenenergien vorhandene Cluster weitgehend zerstört.

Die *EA*-massenspektrometrischen Registrierungen (betr. experimenteller Besonderheiten (vgl. [33]) erfolgten für beide Ionen von Wasser und Thermalwasser (𝔄, 𝔅 vgl. [8] sowie von

---

[1]) Mit dieser Methode hatte BECKEY [30, 31] erstmals den von EIGEN und Mitarbeitern [36] als innere Hydrathülle angegebenen $H_9O_4^+$-Komplex nachgewiesen.

T. W. Széchenyi/Budapest) bei jeweiliger Verdampfung aus der flüssigen bzw. aus der festen (gefrorenen) Phase. Die quantitative Aussagefähigkeit der so gemessenen Massenspektren (Abb. 8 und 9) wird im interessierenden Massenbereich $16 \leqq m/e \leqq 100$ durch die Anwesenheit zahlreicher Peaks, die vom Restgas der Ionenquelle herrühren (Fragmente von Kohlenwasserstoffen des Diffusionspumpenöls, Bestandteile der Luft wie Halogenspuren, Argon und Wasserdampf), beeinträchtigt. Durch Vergleich mit den registrierenden Massenspektren von schwerem Wasser (Tab. 6) ,,ist dabei [33] der Nachweis von Wasserkomplexen überzeugend gelungen" (Beckey [34]). Die erhaltenen gesicherten Ergebnisse sind in Tab. 7 zusammenfassend dargestellt.

Der Vergleich dieser Massenspektren mit denen der Thermalwässer zeigt innerhalb des vorhandenen Fehlerbereichs keine Abweichungen. Das heißt, bei Auffassung des Wassers als Multi-

Tabelle 6

m/e	positive Ionen		negative Ionen	
	Wasser	schweres Wasser	Wasser	schweres Wasser
17	OH		OH	
18	H_2O	OD	H_2O	OD
19	H_3O	HDO		HDO, F
20		D_2O		D_2O
22		D_3O		
33			O_2H	
34	$(OH)_2$		$(OH)_2$	O_2D
35			$H_2O \cdot OH$	
36	$+(H_2O)_2$	$+(OD)_2$, $(H_2O)_2$	$+(H_2O)_2$	$(OD)_2$, $H_2O \cdot OD$
37	$(H_2O)_2H$			
38				$(D_2)O \cdot OD$
39				$(D_2)O \cdot HDO$
40		$+(D_2O)_2$		
42		$(D_2O)_2D$		
44				
51	$(OH)_3$			
53			$(H_2O)_2 \cdot OH)$	
54	$+(H_2O)_3$	$+(OD)_3$, $(H_2O)_3$		
55	$(H_2O)_3H$			
58				$(D_2O)_2 \cdot OD$
60		$+(D_2O)_3$		
62		$(D_2O)_3D$		
71			$*(H_2O)_3 \cdot OH$	
72	$(H_2O)_4$			
73	$(H_2O)_4H$	$(D_2O)_4$		
89			$*(H_2O)_4 \cdot OH$	

Tabelle 7

EA-massenspektrographisch in festem und flüssigem Wasser nachgewiesene H_2O-Cluster

positive Ionen				negative Ionen			
m/e	Ionenart	eisförmig	flüssiges H_2O	m/e	Ionenart	eisförmig	flüssiges H_2O
19	$H_2O \cdot H^+$	*st*	*st*	18	H_2O^-	*m*	*m*
37	$(H_2O)_2 \cdot H^+$	*m*	—	35	$H_2O \cdot OH^-$	*m*	—
55	$(H_2O)_3 \cdot H^+$	*s*	—	53	$(H_2O)_2 \cdot OH^+$	*s*	—
73	$(H_2O)_4 \cdot H^+$	*s*	—	71	$(H_2O)_3 \cdot OH^-$	*s*	—
				89	$(H_2O)_4 \cdot OH^-$	*s*	—

Intensitätsangaben: *st* = stark, *m* = mittel, *s* = schwach

komponenten-Flüssigkeit, die in irgendeinem mikroskopischen Zustand des Volumens $V\,m_1$ Moleküle H_2O, m_2 Moleküle $(H_2O)_2$ usw. enthält, ist danach der Beitrag von β

$$\beta = -1/V(\partial V/\partial p)_{T,m}, \qquad m = m_1 + m_2 + \cdots = \sum_i m_i$$

und der Beitrag von D_0 (bzw. n_{LM}^2)

$$D_0 = D_0(T, \sum_i m_i/V, m_2/m_1, m_3/m_1, \ldots)$$

zur Trübung für die reine Wasserkomponente des *T.W.* und entionisiertes Wasser identisch.

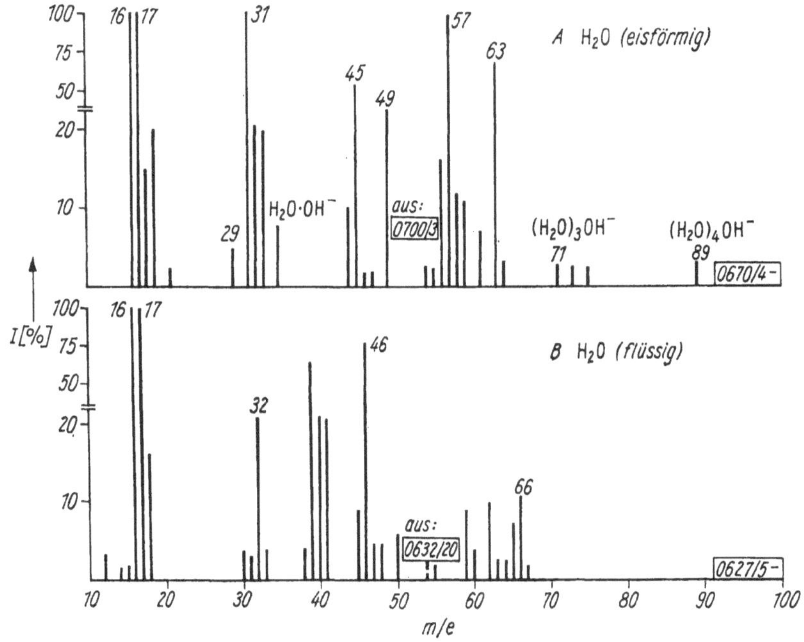

Abb. 8. H_2O-*EA*-Massenspektren negativer Ionen

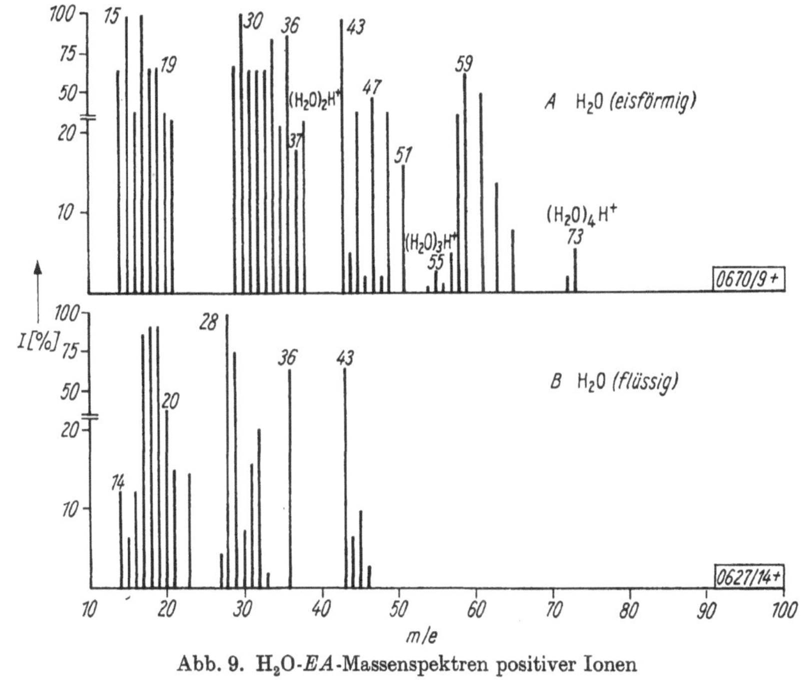

Abb. 9. H_2O-*EA*-Massenspektren positiver Ionen

III. Zur *V*-Struktur von Wasser und wäßrigen Elektrolytlösungen (incl. Thermalwässer nach II.)

1. *IR*-spektrometrische Untersuchungen

1.1. *Vorbemerkung*

Bei der *IR*-spektrometrischen Vermessung des Grundschwingungsbereichs von Wasser und wäßrigen Lösungen werden bekanntlich KRS-5- oder Polyäthylenfenster als Küvettenmaterial benutzt [1]. Wegen der äußerst intensiven Absorption des Wassers im Bereich der OH-Valenz-Assoziationsbande muß dabei — falls eine Verdünnung des Wassers oder der wäßrigen Lösung (z. B. mit D_2O) ausgeschlossen werden soll — mit kapillaren Schichtdicken gearbeitet werden. Die dabei auftretende Sorption des Wassers an den jeweils benutzten Küvettenfenstern muß bei der Deutung seiner Feinstruktur ebenso wie evtl. Inhomogenitäten der Schichtdicke oder der Konzentration der Lösung bei vollständiger Bedeckung des Lichtstrahls [2, 3, 4] berücksichtigt werden. In diesem Zusammenhang erfolgt eine modelltheoretische Untersuchung zur Änderung der Schwingungsfrequenzen des Wassers, wenn dieses z. B. KRS-5-Fenster bzw. Polyäthylen monomolekular bedeckt.

1.2. *Untersuchte Systeme*

KRS-5-Wasser: Entsprechend [5], wonach die Randebenen von Ionenkristallen unterschiedliche Ladungen enthalten müssen, ergeben sich die KRS-5-Kristalle aus Diagonalschnitten der kubisch-raumzentrierten Ionengitter von TlBr und TlJ. Entsprechend den separat durchgeführten Berechnungen der Wechselwirkungsenergie des Wassers mit TlBr bzw. TlJ sind in Abb. 10b die Punktgittermodelle ({1, 0, 1}-Ebenen) von TlBr und TlJ mit den H_2O-Plazierungen angegeben.

Polyäthylen-Wasser: Es wurde angenommen, daß Polyäthylen aus gestreckten CH_2-Molekülketten besteht (Verschmierung der Elektronendichten für große Abstände von der Kette gilt in guter Näherung); eine konstante Packungsdichte der CH_2-Moleküle wurde vorausgesetzt, ihre Drehschwingungen um die Gleichgewichtslage der Kette wurden vernachlässigt.

Die H_2O-Moleküle werden infolge der schwachen Wechselwirkung mit dem Polyäthylenkristall nach [6] als symmetrisch zu diesem orientiert angenommen. Ihre Plazierung sowie das den folgenden Untersuchungen zugrunde gelegte Punktgittermodell des Polyäthylens ist in Abb. 11 wiedergegeben.

1.3. *Wechselwirkungsenergie Adsorbat-Adsorbens*

Die Wechselwirkungsenergie (Adsorptionsenergie) φ_G eines Wassermoleküls mit dem Küvettenfenstermaterial ergibt sich näherungsweise (vgl. [7]) zu

$$\varphi_G = \varphi(\mathfrak{r}) = \varphi_D + \varphi_P + \varphi_\mu + \varphi_R \tag{1}$$

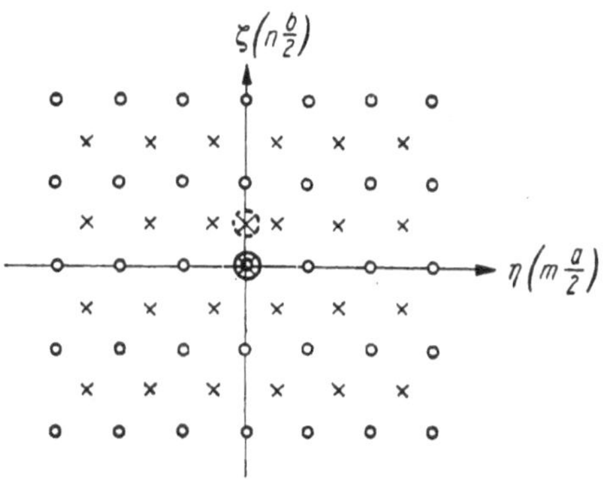

Abb. 10a. Erste Schicht ($\xi = 0$)

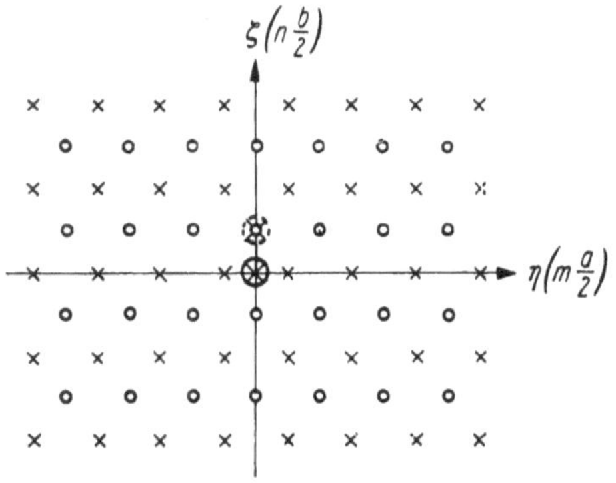

Abb. 10b. Zweite Schicht ($\xi = 1/2$)

der {1, 0, 1}-Ebene von TlBr (bzw. TlJ).

∘ ∘ ∘ Tl^+-Ionen; × × × Br^-- (bzw. J^--)Ionen; ⊗ H_2O-Molekül

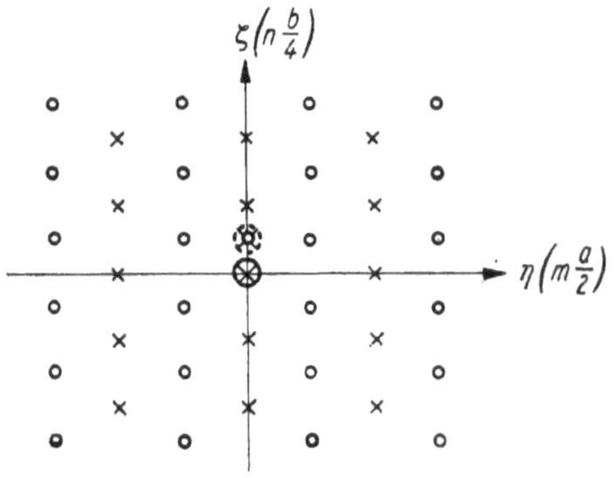

Abb. 11. {0, 1, 0}-Ebenen von Polyäthylen,

∘ ∘ ∘ Schicht; × × × Schicht; ⊗ H_2O-Molekül

mit

$\mathfrak{r}$ = Ortsvektor (legt Lage des H_2O-Moleküls fest)
φ_D = Dispersionsenergie,
φ_P = Polarisationsenergie,
φ_μ = elektrostatische Dipolwechselwirkungsenergie,
φ_R = Repulsionsenergie

und

$$\varphi_D = -\sum_j \frac{A_j}{r_j^6}, \qquad r_j = |\mathfrak{r}_{H_2O} - \mathfrak{r}_j| \tag{2}$$

$$\varphi_P = -\frac{1}{2}\alpha_{H_2O}\,\mathfrak{F}^2, \qquad \mathfrak{F} = \sum_j \frac{q_j}{\varepsilon_0 r_j^3}(\mathfrak{r}_{H_2O} - \mathfrak{r}_j) \tag{3}$$

$$\varphi_\mu = -\sum_j \mu_{H_2O}\,|\mathfrak{F}| \tag{4}$$

$$\varphi_R = \sum_j \frac{B_j}{r_j^{12}} \tag{5}$$

(j bezieht sich auf das j-te Ion bzw. auf die j-te CH_2-Gruppe des jeweiligen Adsorbensgitters).

Die Koeffizienten A_j ergeben sich nach Kirkwood-Müller [8] für kugelsymmetrische Teilchen zu

$$A_j = -\frac{6mc^2}{\varepsilon_0\mu_0} \frac{\alpha_{H_2O}\alpha_j}{\frac{\alpha_{H_2O}}{\varkappa_{H_2O}} + \frac{\alpha_j}{\varkappa_j}} \tag{6}$$

α und $\varkappa$ sind die Polarisierbarkeiten und magnetischen Suszeptibilitäten des Wassers bzw. der Gitter-Ionen und CH_2-Gruppen.

B_j wird bekanntlich aus der Minimalbedingung für das Potential φ_j des Systems j-tes Adsorbension (bzw. j-te CH_2-Gruppe)/Wassermolekül erhalten:

$$\left(\frac{\partial \varphi_j}{\partial r_j}\right)_{r_j = r_{0j}} = 0 \curvearrowright B_j \tag{7}$$

wobei r_{0j} der Gleichgewichtsabstand, die Summe der van-der-Waals-Radien r_j^*, der freien wechselwirkenden Teilchen ist. Zur Berechnung der Adsorptionsenergie müssen die folgenden Gitterkonstanten

	TlBr	TlJ	$(CH_2)_n$	Einheit
a	3,98	4,20	7,40	Å
b	$3{,}98 \cdot \sqrt{2}$	$4{,}20 \cdot \sqrt{2}$	2,534	Å
c			4,93	Å

und die folgenden Konstanten der Tab. 8 benutzt werden.

Tabelle 8

Konstanten zur Bestimmung der Adsorptionsenergie

	Tl^+	Br^-	J^-	CH_2	H_2O	Einheit
α_j	38,4	47,7	71	18,2	14,8	10^{-25} cm³/Mol
$\varkappa_j$	−56,5	−57,5	−84	−19,75	−21,4	10^{-30} cm³/Mol
r_j	1,44	1,96	2,16	2,00	1,38	10^{-8} cm
μ					1,84	10^{-18} e. s. E/Mol
A_j	2,928	3,278	4,830	1,180	—	10^{-45} kcal · mol⁻¹
B_j	1,738	7,164	13,323	1,012	—	10^{-90} kcal · mol⁻¹

Im Falle des Systems Ionenkristall/Wasser bestimmen sich die Konstanten B_j zu

$$B_j = \frac{1}{2}\left(A_j + \frac{\alpha_{H_2O}}{3} e^2 r_{0j}^2 + \frac{\mu_{H_2O}}{3} \frac{e}{\varepsilon_0} r_{0j}^4\right) r_{0j}^6, \tag{8}$$

der Bestimmung von Dispersions- bzw. Repulsionsenergie gleichgültig ist, ob sich das H_2O-Molekül direkt über einem Gitterplatz oder über dem Mittelpunkt einer Elementarzelle der Oberflächenschicht befindet. Aus den so berechneten Wechselwirkungsenergieanteilen φ_D, φ_P, φ_μ, φ_R (s. auch Tab. 10 und die Abb. 12 und 13) resultiert die in Abb. 14 dargestellte Gesamtwechselwirkungsenergie φ_G der behandelten Systeme. Sie beträgt demzufolge für die stabile Konfiguration (bei monomolekularer Wasserschicht) im Falle KRS-5/H_2O-(20—22) kcal mol⁻¹, dagegen im Falle Polyäthylen/H_2O —2,30 kcal mol⁻¹.

Tabelle 9a

$TlBr/H_2O$

I. H_2O-Molekül direkt über Gitterplatz (Tl^+-Ion):

$$\varphi_D = -\frac{A_{(H_2O-Tl^+)}}{a^6} Q - \frac{A_{(H_2O-Br^-)}}{a^6} Z$$

$$\varphi_P = -\frac{1}{2} \alpha_{H_2O} \frac{e^2}{\varepsilon_0^2 a^4} (Q'' - Z'')^2$$

$$\varphi_\mu = -\frac{1}{2} \alpha_{H_2O} \frac{e}{\varepsilon_0 a^2} (Q'' - Z'')$$

$$\varphi_R = \frac{B_{(H_2O-Br^-)}}{a^{12}} Q' + \frac{B_{(H_2O-Tl^+)}}{a^{12}} Z'$$

$$Q^* = 2 \sum_{2,4,6}^{m} \sum_{0,2,4}^{m} \frac{\varrho^\beta}{\left\{\varrho^2 + \frac{m^2}{4} + \frac{n^2}{2}\right\}^\alpha} + \frac{\varrho^\beta}{\varrho^{2\alpha}} + 2 \sum_{0,2,4}^{m} \sum_{2,4,6}^{n} \frac{\varrho^\beta}{\left\{\varrho^2 + \frac{m^2}{4} + \frac{n^2}{2}\right\}^\alpha}$$

$$+2 \sum_{2,4,6}^{m} \sum_{1,3,5}^{m} \frac{\left(\varrho + \frac{1}{\sqrt{2}}\right)^\beta}{\left\{\left(\varrho + \frac{1}{\sqrt{2}}\right)^2 + \frac{m^2}{4} + \frac{n^2}{2}\right\}^\alpha} + 2 \sum_{0,2,4}^{m} \sum_{1,3,5,}^{n} \frac{\left(\varrho + \frac{1}{\sqrt{2}}\right)^\beta}{\left\{\left(\varrho + \frac{1}{\sqrt{2}}\right)^2 + \frac{m^2}{4} + \frac{n^2}{2}\right\}^\alpha}$$

$$Z^* = 4 \sum_{1,3,5}^{m} \sum_{1,3,5}^{n} \frac{\varrho^\beta}{\left\{\varrho^2 + \frac{m^2}{4} + \frac{n^2}{2}\right\}^\alpha} + 2 \sum_{1,3,5}^{m} \sum_{0,2,4}^{n} \frac{\left(\varrho + \frac{1}{\sqrt{2}}\right)^\beta}{\left\{\left(\varrho + \frac{1}{\sqrt{2}}\right)^2 + \frac{m^2}{4} + \frac{n^2}{2}\right\}^\alpha}$$

$$+ 2 \sum_{1,3,5}^{m} \sum_{2,4,6}^{n} \frac{\left(\varrho + \frac{1}{\sqrt{2}}\right)^\beta}{\left\{\left(\varrho + \frac{1}{\sqrt{2}}\right)^2 + \frac{m^2}{4} + \frac{n^2}{2}\right\}^\alpha}$$

$Q, Z \rightarrow Q^*, Z^*$ ($\alpha = 3, \beta = 0$)

$Q'', Z'' \rightarrow Q^*, Z^*$ ($\alpha = 3/2, \beta = 1$)

$Q', Z' \rightarrow Q^*, Z^*$ ($\alpha = 6, \beta = 0$)

II. H_2O-Molekül direkt über Gitterplatz (Br^--Ion):

$$\varphi_D = -\frac{A_{(H_2O-Br^-)}}{a^6} Q - \frac{A_{(H_2O-Tl^+)}}{a^6} Z$$

$\varphi_{P\mu}$ wie bei I.

$$\varphi_R = \frac{B_{(H_2O-Br^-)}}{a^{12}} Q' + \frac{B_{(H_2O-Tl^+)}}{a^{12}} Z'$$

Tabelle 9a. (Forts.)

III. H_2O-Molekül über Mittelpunkt der Elementarzelle (direkt über Tl^+-Ion der zweiten Schicht).

Erste Schicht/Abb. 1a jetzt zweite Schicht, zweite Schicht/Abb. 1b jetzt erste Schicht bei bleibender H_2O-Plazierung:

$$\varphi_D = -\frac{A_{(H_2O-Tl^+)}}{a^6} U - \frac{A_{(H_2O-Br^-)}}{a^6} V$$

$$\varphi_P = -\frac{1}{2} \alpha_{H_2O} \frac{e^2}{\varepsilon_0{}^2 a^4} (U'' - V'')^2$$

$$\varphi_\mu = -\frac{1}{2} \alpha_{H_2O} \frac{e}{\varepsilon_0 a^2} (U'' - V'')$$

$$\varphi_R = \frac{B_{(H_2O-Tl^+)}}{a^{12}} U' + \frac{B_{(H_2O-Br^-)}}{a^{12}} V'$$

$$U^* = 2 \sum_{2,4,6}^{m} \sum_{1,3,5}^{n} \frac{\varrho^\beta}{\left\{\varrho^2 + \frac{m^2}{4} + \frac{n^2}{2}\right\}^\alpha} + 2 \sum_{0,2,4}^{m} \sum_{1,3,5}^{n} \frac{\varrho^\beta}{\left\{\varrho^2 + \frac{m^2}{4} + \frac{n^2}{2}\right\}^\alpha} + \frac{\left(\varrho + \frac{1}{\sqrt{2}}\right)^\beta}{\left(\varrho + \frac{1}{\sqrt{2}}\right)^{2\alpha}}$$

$$+ 2 \sum_{2,4,6}^{m} \sum_{0,2,4}^{n} \frac{\left(\varrho + \frac{1}{\sqrt{2}}\right)^\alpha}{\left\{\left(\varrho + \frac{1}{\sqrt{2}}\right)^2 + \frac{m^2}{4} + \frac{n^2}{2}\right\}^\alpha} + 2 \sum_{0,2,4}^{m} \sum_{2,4,6}^{n} \frac{\left(\varrho + \frac{1}{\sqrt{2}}\right)^\beta}{\left\{\left(\varrho + \frac{1}{\sqrt{2}}\right)^2 + \frac{m^2}{4} + \frac{n^2}{2}\right\}^\alpha}$$

$$V^* = 2 \sum_{1,3,5}^{m} \sum_{0,2,4}^{n} \frac{\varrho^\beta}{\left\{\varrho^2 + \frac{m^2}{4} + \frac{n^2}{2}\right\}^\alpha} + 2 \sum_{1,3,5}^{m} \sum_{2,4,6}^{n} \frac{\varrho^\beta}{\left\{\varrho^2 + \frac{m^2}{4} + \frac{n^2}{2}\right\}^\alpha}$$

$$+ 4 \sum_{1,3,6}^{m} \sum_{1,3,5}^{n} \frac{\varrho^\beta}{\left\{\varrho^2 + \frac{m^2}{4} + \frac{n^2}{2}\right\}^\alpha}$$

$U, V \rightarrow U^*, V^* \; (\alpha = 3, \beta = 0)$

$U'', V'' \rightarrow U^*, V^* \; (\alpha = 3/2, \beta = 1)$

$U', V' \rightarrow U^*, V^* \; (\alpha = 6, \beta = 0)$

IV. H_2O-Molekül über Mittelpunkt der Elementarzelle (wie III., nur direkt über Br^--Ion der zweiten Schicht, Vertauschung der jeweiligen U und V für die verschiedenen φ_i).

TlJ/H_2O

V. H_2O-Molekül direkt über Gitterplatz (Tl^+-Ion).

VI. H_2O-Molekül direkt über Gitterplatz (J^--Ion).

VII. H_2O-Molekül über Mittelpunkt der Elementarzelle (vgl. III.).

VIII. H_2O-Molekül über Mittelpunkt der Elementarzelle (vgl. IV.).
(Die φ_i (V. bis VIII.) ergeben sich aus den φ_i (I. bis IV.) durch Ersetzen von a durch a', sowie von $A_{(H_2O-Br^-)}$ durch $A_{(H_2O-J^-)}$ und $B_{(H_2O-Br^-)}$ durch $B_{(H_2O-J^-)}$.)

Tabelle 9b

Polyäthylen/H_2O

H_2O-Molekül direkt über Gitterplatz (CH_2-Gruppe):

$$\varphi_D = -A_{(H_2O-CH_2)}W$$

$$\varphi_P = -\alpha_{CH_2}\mu^2 W$$

$$\varphi_R = B_{(H_2O-CH_2)}W'$$

$$W^* = 2\sum_{0,2,4}^{l}\sum_{2,4,6}^{m}\sum_{0,2,4}^{n}\frac{\left(d+\frac{lc}{2}\right)^{\alpha}}{\left\{\left(d+\frac{lc}{2}\right)^2+\left(\frac{ma}{2}\right)^2+\left(\frac{nb}{4}\right)^2\right\}^{\alpha}}+\sum_{0,2,4}^{l}\frac{\left(d+\frac{lc}{2}\right)^{\beta}}{\left(d+\frac{lc}{2}\right)^{2\alpha}}$$

$$+2\sum_{0,2,4}^{l}\sum_{0,2,4}^{m}\sum_{2,4,6}^{n}\frac{\left(d+\frac{lc}{2}\right)^{\beta}}{\left\{\left(d+\frac{lc}{2}\right)^2+\left(\frac{ma}{2}\right)^2+\left(\frac{nb}{4}\right)^2\right\}^{\alpha}}$$

$$+4\sum_{1,3,5}^{l}\sum_{1,3,5}^{m}\sum_{1,3,5}^{n}\frac{\left(d+\frac{lc}{2}\right)^{\beta}}{\left\{\left(d+\frac{lc}{2}\right)^2+\left(\frac{ma}{2}\right)^2+\left(\frac{nb}{4}\right)^2\right\}^{\alpha}}$$

$W \rightarrow W^*$ $(\alpha = 3, \beta = 0)$

$W' \rightarrow W^*$ $(\alpha = 6, \beta = 0)$

II. H_2O-Molekül über Mittelpunkt einer Elementarzelle:

$$\varphi_D = A_{(H_2O-CH_2)}\chi$$

$$\varphi_P = -\alpha_{CH_2}\mu^2_{H_2O}\chi$$

$$\varphi_R = B_{(H_2O-CH_2)}\chi'$$

$$\chi^* = 4\sum_{0,2,4}^{l}\sum_{1,3,5}^{m}\sum_{1,3,5}^{n}\frac{\left(d+\frac{lc}{2}\right)^{\beta}}{\left\{\left(d+\frac{lc}{2}\right)^2+\left(\frac{ma}{2}\right)^2+\left(\frac{nb}{4}\right)^2\right\}^{\alpha}}+\sum_{1,3,5}^{l}\frac{\left(d+\frac{lc}{2}\right)^{\beta}}{\left(d+\frac{lc}{2}\right)^{2\alpha}}$$

$$+2\sum_{1,3,5}^{l}\sum_{2,4,6}^{m}\sum_{0,2,4}^{n}\frac{\left(d+\frac{lc}{2}\right)^{\beta}}{\left\{\left(d+\frac{lc}{2}\right)^2+\left(\frac{ma}{2}\right)^2+\left(\frac{nb}{4}\right)^2\right\}^{\alpha}}$$

$$+2\sum_{1,3,5}^{l}\sum_{0,2,4}^{m}\sum_{2,4,6}^{n}\frac{\left(d+\frac{lc}{2}\right)^{\beta}}{\left\{\left(d+\frac{lc}{2}\right)^2+\left(\frac{ma}{2}\right)^2+\left(\frac{nb}{4}\right)^2\right\}^{\alpha}}$$

$\chi \rightarrow \chi^*$ $(\alpha = 3, \beta = 0)$

$\chi' \rightarrow \chi^*$ $(\alpha = 6, \beta = 0)$

Tabelle 10a

Vgl. Text von Abb. 12a

	d	2,814	3,98	6,79	7,96	Å
	ϱ	0,7071	1,00	1,7071	2,00	(Gittereinheiten)
A. I.	φ_D	$-8,820$	$-1,904$	$-2,570 \cdot 10^{-1}$	$-1,350 \cdot 10^{-1}$	kcal mol^{-1}
	φ_P	$-1,789$	$-8,618 \cdot 10^{-2}$	$-1,297 \cdot 10^{-2}$	$-3,010 \cdot 10^{-3}$	kcal mol^{-1}
	φ_μ	$-7,677$	$-1,685$	$-4,810 \cdot 10^{-1}$	$-3,148 \cdot 10^{-1}$	kcal mol^{-1}
	φ_R	$+7,546$	$+1,797 \cdot 10^{-1}$	$+1,138 \cdot 10^{-3}$	$+2,468 \cdot 10^{-4}$	kcal mol^{-1}
	φ_G	$-10,740$	$-3,496$	$-0,7499$	$-0,453$	kcal mol^{-1}
A. II.	φ_D	$-9,422$	$-1,944$	$-2,570 \cdot 10^{-1}$	$-1,350 \cdot 10^{-1}$	kcal mol^{-1}
	φ_P	$-1,789$	$-8,618 \cdot 10^{-2}$	$-1,297 \cdot 10^{-2}$	$-3,010 \cdot 10^{-3}$	kcal mol^{-1}
	φ_μ	$-7,677$	$-1,685$	$-4,810 \cdot 10^{-1}$	$-3,148 \cdot 10^{-1}$	kcal mol^{-1}
	φ_R	$+29,231$	$+4,875 \cdot 10^{-1}$	$+1,349 \cdot 10^{-3}$	$+2,666 \cdot 10^{-4}$	kcal mol^{-1}
	φ_G	$+10,343$	$-3,228$	$-0,7496$	$-0,453$	kcal mol^{-1}
A. III.	φ_D	$-6,543$	$-1,911$	$-2,564 \cdot 10^{-1}$	$-1,409 \cdot 10^{-1}$	kcal mol^{-1}
	φ_P	$-4,716$	$-1,516$	$-5,625 \cdot 10^{-1}$	$-2,030 \cdot 10^{-1}$	kcal mol^{-1}
	φ_μ	$-12,46$	$-7,066$	$-2,950$	$-2,586$	kcal mol^{-1}
	φ_R	$+4,789$	$+2,563 \cdot 10^{-1}$	$+1,327 \cdot 10^{-3}$	$+2,650 \cdot 10^{-4}$	kcal mol^{-1}
	φ_G	$-18,930$	$-10,237$	$-3,505$	$-2,930$	kcal mol^{-1}
A. IV.	φ_D	$-6,314$	$-1,878$	$-2,555 \cdot 10^{-1}$	$-1,405 \cdot 10^{-1}$	kcal mol^{-1}
	φ_P	$-4,716$	$-1,516$	$-5,625 \cdot 10^{-1}$	$-2,030 \cdot 10^{-1}$	kcal mol^{-1}
	φ_μ	$-12,46$	$-7,066$	$-2,950$	$-2,586$	kcal mol^{-1}
	φ_R	$+2,051$	$+1,452 \cdot 10^{-1}$	$+1,144 \cdot 10^{-3}$	$+2,460 \cdot 10^{-4}$	kcal mol^{-1}
	φ_G	$-21,439$	$-10,315$	$-3,504$	$-2,929$	kcal mol^{-1}

	d	2,97	4,20	7,17	8,40	Å
	ϱ	0,7071	1,00	1,7071	2,00	(Gittereinheiten)
A. V.	φ_D	$-6,386$	$-1,378$	$-1,858 \cdot 10^{-1}$	$-9,744 \cdot 10^{-2}$	kcal mol^{-1}
	φ_P	$-1,443$	$-6,950 \cdot 10^{-2}$	$-1,046 \cdot 10^{-2}$	$-2,426 \cdot 10^{-3}$	kcal mol^{-1}
	φ_μ	$-6,894$	$-1,513$	$-3,121 \cdot 10^{-1}$	$-2,827 \cdot 10^{-1}$	kcal mol^{-1}
	φ_R	$+4,176$	$+1,237 \cdot 10^{-1}$	$+1,180 \cdot 10^{-3}$	$+2,167 \cdot 10^{-4}$	kcal mol^{-1}
	φ_G	$-10,547$	$-2,837$	$-0,507$	$-0,382$	kcal mol^{-1}
A. VI.	φ_D	$-6,811$	$-1,4076$	$-1,862 \cdot 10^{-1}$	$-9,790 \cdot 10^{-2}$	kcal mol^{-1}
	φ_P	$-1,443$	$-6,950 \cdot 10^{-2}$	$-1,046 \cdot 10^{-2}$	$-2,426 \cdot 10^{-3}$	kcal mol^{-1}
	φ_μ	$-6,894$	$-1,513$	$-3,121 \cdot 10^{-1}$	$-2,827 \cdot 10^{-1}$	kcal mol^{-1}
	φ_R	$+28,449$	$+4,682 \cdot 10^{-1}$	$+2,850 \cdot 10^{-3}$	$+2,388 \cdot 10^{-4}$	kcal mol^{-1}
	φ_G	$+13,301$	$-2,522$	$-0,781$	$-0,383$	kcal mol^{-1}
A. VII.	φ_D	$-4,736$	$-1,383$	$-1,856 \cdot 10^{-1}$	$-1,020 \cdot 10^{-1}$	kcal mol^{-1}
	φ_P	$-3,803$	$-1,223$	$-4,536 \cdot 10^{-1}$	$-1,637 \cdot 10^{-1}$	kcal mol^{-1}
	φ_μ	$-11,192$	$-6,346$	$-3,060$	$-2,322$	kcal mol^{-1}
	φ_R	$+4,566$	$+2,403 \cdot 10^{-1}$	$+1,199 \cdot 10^{-3}$	$+2,370 \cdot 10^{-4}$	kcal mol^{-1}
	φ_G	$-15,165$	$-8,712$	$-3,503$	$-2,587$	kcal mol^{-1}
A. VIII.	φ_D	$-4,569$	$-1,359$	$-1,849 \cdot 10^{-1}$	$-1,017 \cdot 10^{-1}$	kcal mol^{-1}
	φ_P	$-3,803$	$-1,223$	$-4,536 \cdot 10^{-1}$	$-1,637 \cdot 10^{-1}$	kcal mol^{-1}
	φ_μ	$-11,192$	$-6,342$	$-3,060$	$-2,322$	kcal mol^{-1}
	φ_R	$+1,502$	$+1,159 \cdot 10^{-1}$	$+9,94 \cdot 10^{-4}$	$+2,178 \cdot 10^{-4}$	kcal mol^{-1}
	φ_G	$-18,062$	$-8,808$	$-3,502$	$-2,587$	kcal mol^{-1}

Tabelle 10b

Vgl. Text von Abb. 12b

	d	0	3,7	7,4	11,1	14,8	Å
	ϱ	0	0,5	1,0	1,5	2,0	(Gittereinheiten)
B. 1.	φ_D		$-1{,}827$	$-1{,}370 \cdot 10^{-1}$	$-2{,}900 \cdot 10^{-2}$	$-9{,}430 \cdot 10^{-3}$	kcal mol^{-1}
	φ_P		$-2{,}746$	$-2{,}060 \cdot 10^{-1}$	$-4{,}360 \cdot 10^{-2}$	$-1{,}418 \cdot 10^{-2}$	10^{-1} kcal mol^{-1}
	φ_R		$+2{,}092$	$+2{,}381 \cdot 10^{-3}$	$+4{,}272 \cdot 10^{-4}$	$+2{,}530 \cdot 10^{-6}$	10^{-1} kcal mol^{-1}
	φ_G		$-1{,}892$	$-1{,}574 \cdot 10^{-1}$	$-3{,}332 \cdot 10^{-2}$	$-1{,}08 \cdot 10^{-2}$	kcal mol^{-1}
B. 2.	φ_D		$-2{,}268$	$-1{,}427 \cdot 10^{-1}$	$-2{,}944 \cdot 10^{-2}$	$-9{,}540 \cdot 10^{-3}$	kcal mol^{-1}
	φ_P		$-3{,}410$	$-2{,}146 \cdot 10^{-1}$	$-4{,}428 \cdot 10^{-2}$	$-1{,}434 \cdot 10^{-2}$	10^{-1} kcal mol^{-1}
	φ_R		$+3{,}628$	$+2{,}755 \cdot 10^{-3}$	$+4{,}705 \cdot 10^{-5}$	$+2{,}655 \cdot 10^{-6}$	10^{-1} kcal mol^{-1}
	φ_G		$-2{,}246$	$-1{,}639 \cdot 10^{-1}$	$-3{,}386 \cdot 10^{-2}$	$-1{,}097 \cdot 10^{-2}$	

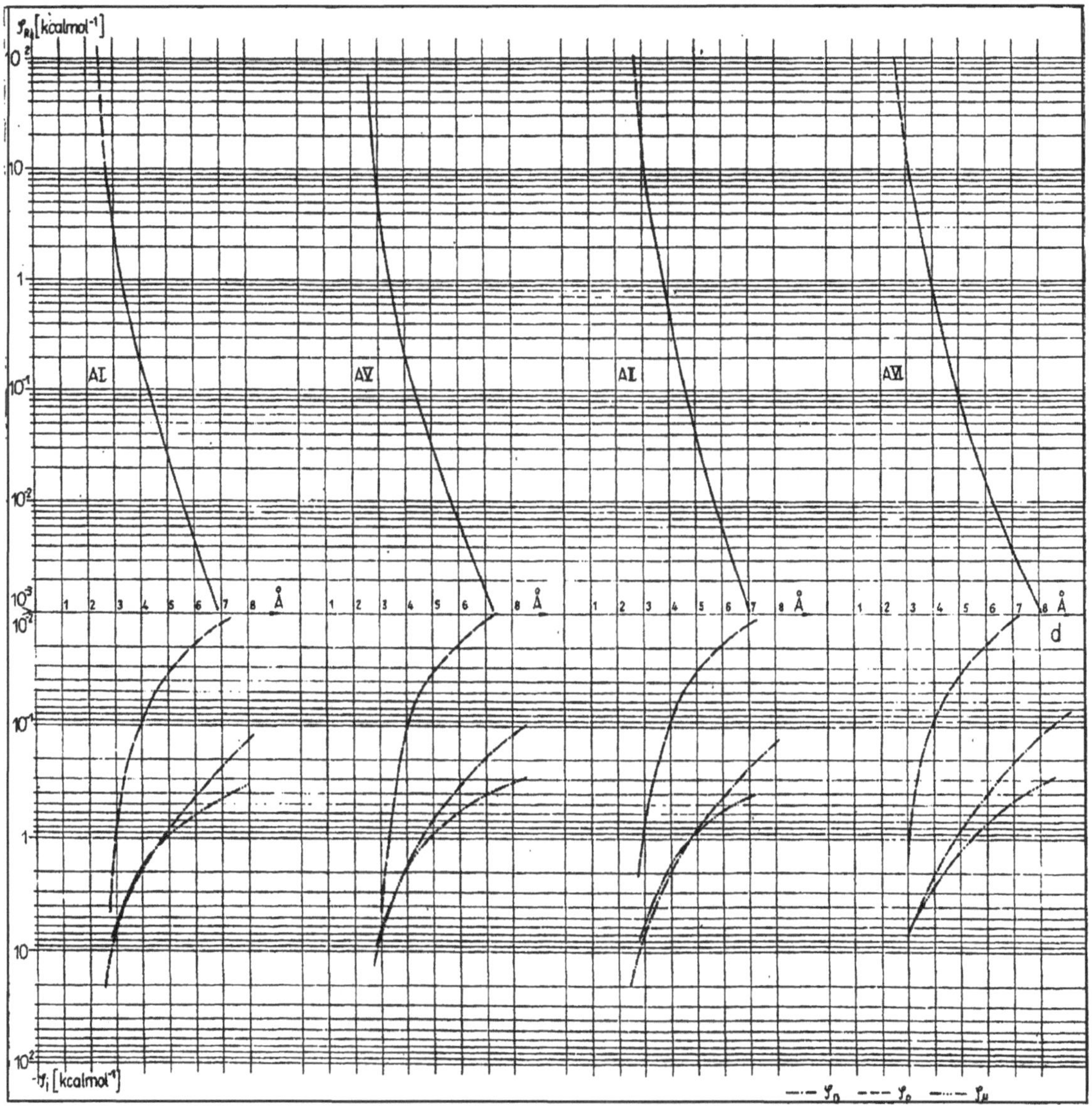

Abb. 12a. Wechselwirkungsenergien der Systeme $H_2O/TlBr$; H_2O/TlJ

Die nach HARTREE-FOCK-Berechnungen [10] bestimmte Paarwechselwirkungsenergie von Wassermolekülen beträgt $-4{,}72$ kcal mol^{-1}. Demzufolge wirken KRS-5-Kristalle auf Wasser „strukturbrechend“, dagegen Polyäthylenfolien „strukturerhaltend“ (vgl. [11]). Außerdem zeigen die angestellten Untersuchungen ($-\varphi_G \gg -U_e$ von $\mathfrak{A}$ bzw. $\mathfrak{C}$, s. Kap. II. 1.2.), daß nur für wesentlich (10^2 bis 10^3fach) konzentriertere wäßrige Lösungen mittels derartiger *IR*-Messungen aussagekräftige Ergebnisse bezüglich der Wechselwirkung Wasser ↔ Gelöstes zu erwarten sind.

1.4. *Normalschwingungsanalyse*

PRICE, SHERMAN und WILKINSON [12] untersuchten *IR*-spektrometrisch die auf Alkalihalogenid-Matrizen adsorbierten Wasserfilme. Es ergaben sich dafür je nach Art der Matrix unterschiedliche Frequenzlagen des Maximums der OH-Valenz-Bande im Bereich (3350—3500) cm^{-1}. Die größte Frequenzverschiebung gegenüber dem freien Wassermolekül trat bei Verwendung von Kristallgittern mit Halogenionen größter Elektronegativität und Metallionen von niedrigstem elektropositiven Charakter auf.

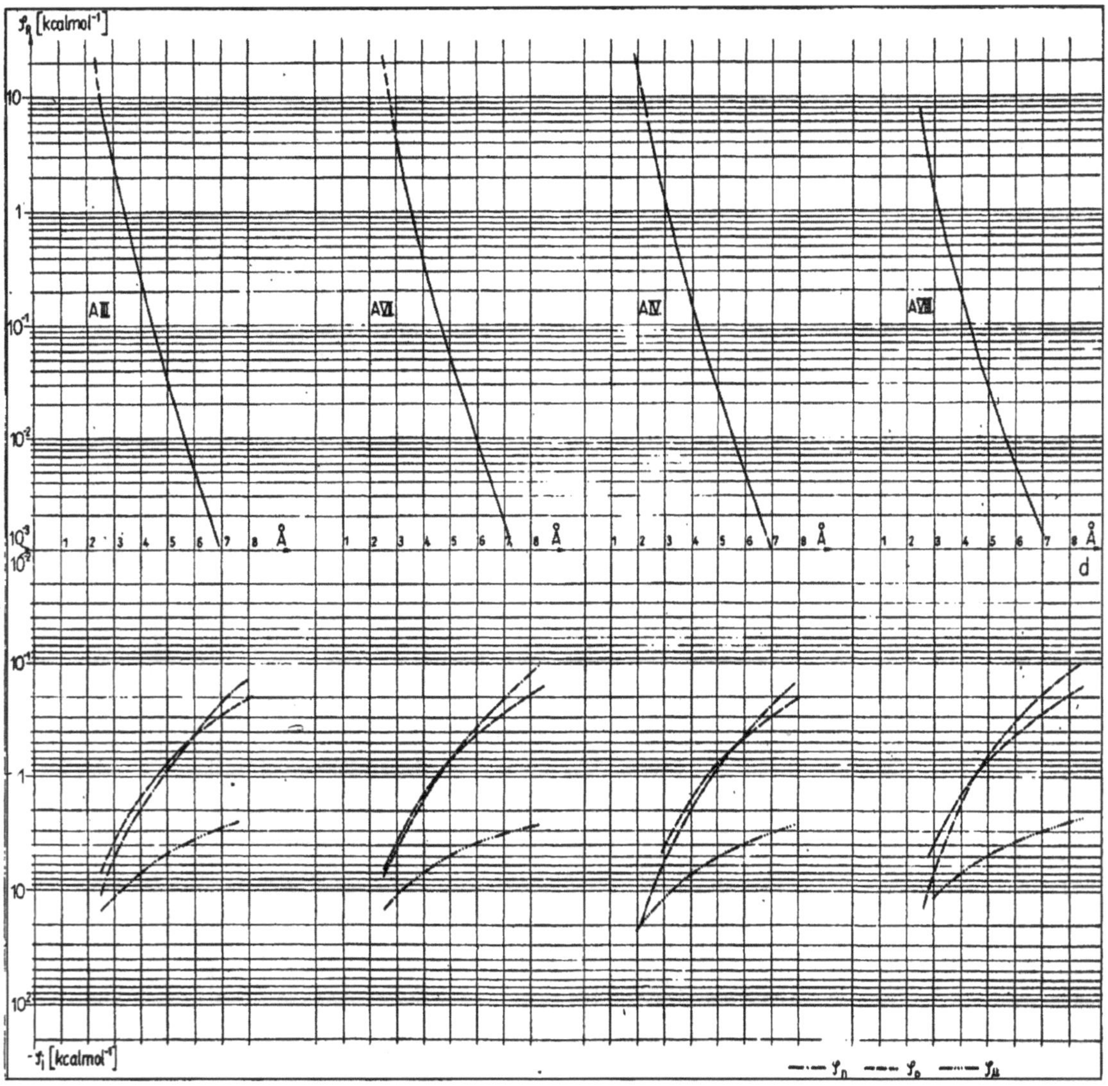

Abb. 12a′. Wechselwirkungsenergien der Systeme H_2O/TlBr; H_2O/TlJ

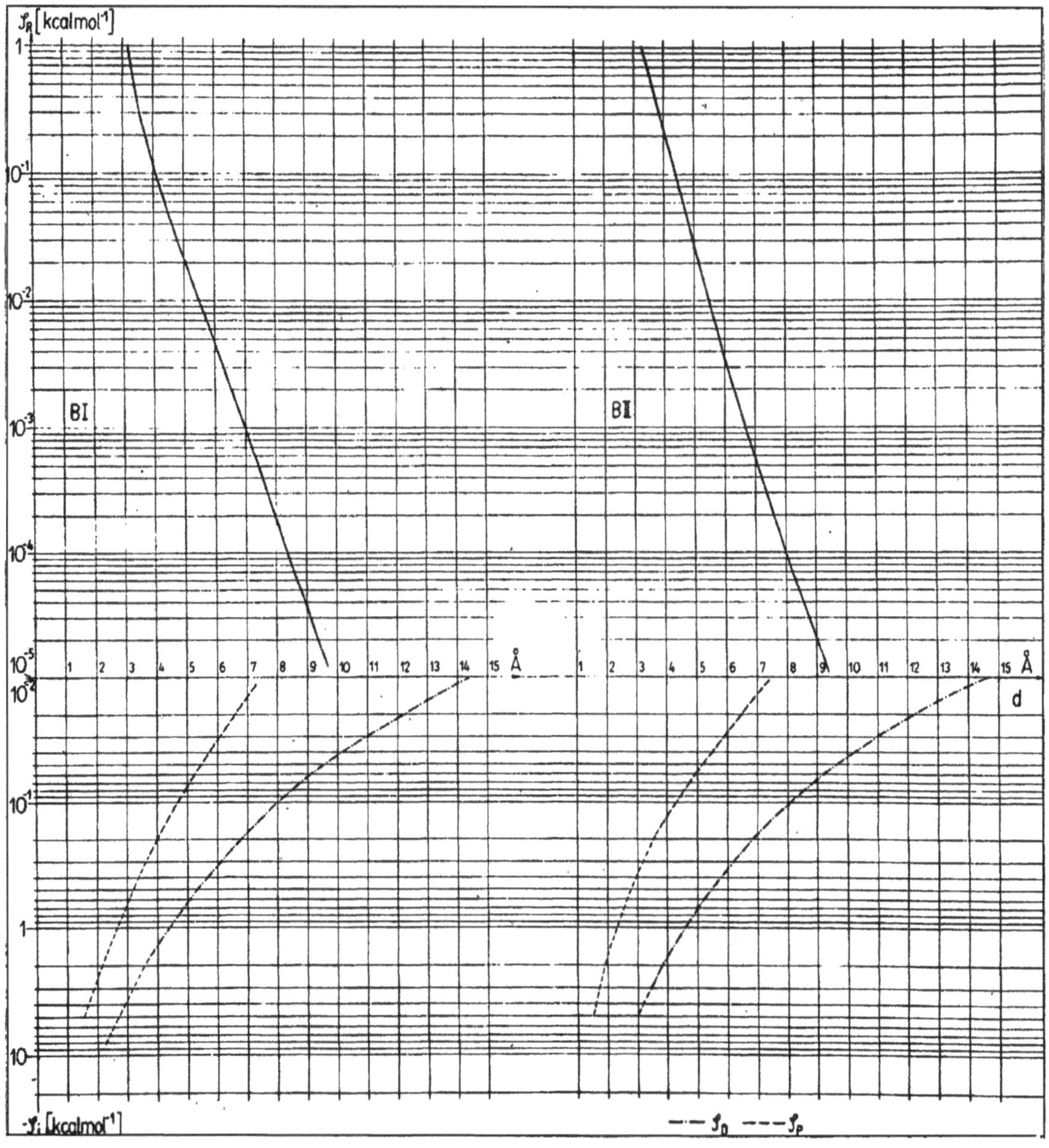

Abb. 12b. Wechselwirkungsenergien des Systems H_2O/Polyäthylen

In ähnlicher Weise wurden seitens des Verfassers Frequenzverschiebungen des Maximums o. g. Valenzschwingungsbande mit dem *IR*-20-Spektrometer gemessen. Bei Benutzung von Polyäthylenfolien als Küvettenfenster liegt dieses bei (3500—3520) cm^{-1}. Dagegen verschiebt sich seine Frequenzlage im Falle der Benutzung von KRS-5-Küvettenfenstern mit abnehmender Schichtdicke ($\triangleq$ zunehmender Schraubendruck bis zur mechanischen Belastbarkeit auf KRS-5-Küvettenfenster) von 3460 cm^{-1} nach 3280 cm^{-1}.

Dabei nimmt mit abnehmendem ν_{max} (Frequenz bei maximaler Absorption $= 1 - T_{max}$) das Verhältnis $\frac{1 - T_{max}}{HWB}$ (HWB = Halbwertsbreite der OH-Valenzabsorptionsbande) nahezu linear zu (Abb. 15), was ein Ausdruck für die zunehmende Strukturveränderung des

Wassers infolge wachsender Wechselwirkung (bei abnehmender Schichtdicke) mit dem KRS-5-Kristallgitter ist.

Die nichtreproduzierbare Einstellung der Schichtdicke unter den vorliegenden Bedingungen, verbunden mit den starken Wechselwirkungen der Probe mit dem Wandmaterial, ist so die Ursache dafür, daß insbesondere bei schwachkonzentrierten wäßrigen Lösungen (wie z. B.

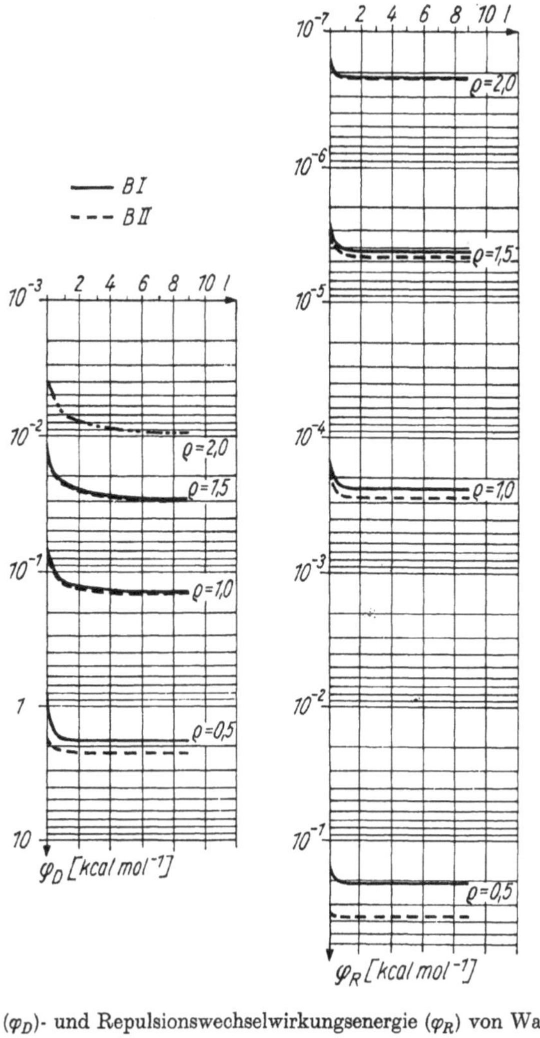

Abb. 13. Dispersions (φ_D)- und Repulsionswechselwirkungsenergie (φ_R) von Wasser mit Polyäthylen

Thermalwässern) der Einfluß des Gelösten auf die V-Struktur überdeckt wird. Da diese Schichtdicke der Wasserfilme im Å- bis μ-Bereich liegt, können z. B. die Ergebnisse der Modelluntersuchungen des an SiO_2 kapillaradsorbierten Wassers [13] zur Strukturerklärung wandentfernter Wasserschichten des vorliegenden Beispiels herangezogen werden: Die Kopplung der H_2O-Moleküle insbesondere infolge Dipol-Dipol-Wechselwirkung könnte bewirken, daß die primäradsorbierte Wasserschicht sich in den folgenden wandentfernteren Schichten weitestgehend reproduziert (wobei allerdings die Anzahl der dementsprechenden Molekülllagen noch unbekannt ist).

Aufgrund der Kenntnis der Wechselwirkungsenergie φ_G für das System KRS-5/H_2O (bei monomolekularer Bedeckung) ist es möglich, die Veränderungen der Schwingungsfrequenz gegenüber dem nichtadsorbierten Zustand näherungsweise zu bestimmen. Im vorliegenden

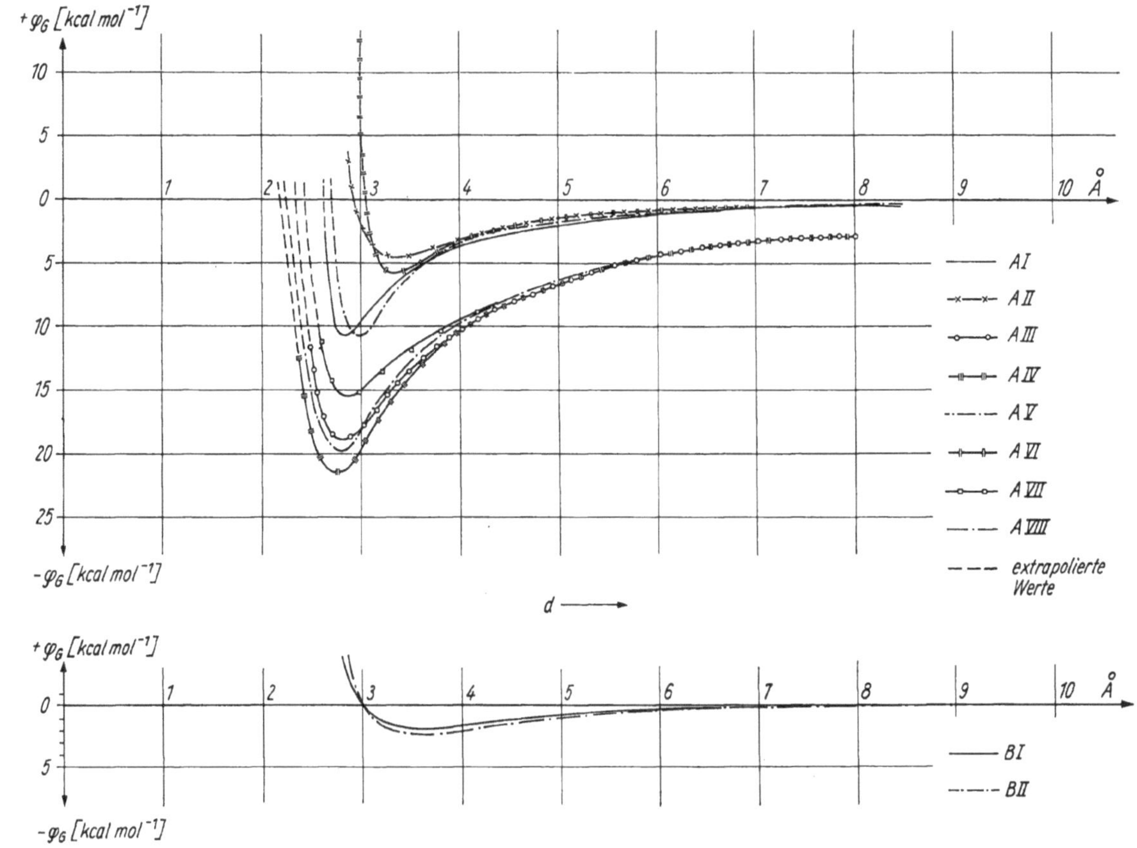

Abb. 14. Adsorptionsenergie der Systeme H_2O/TlBr, H_2O/TlJ und H_2O/Polyäthylen bei verschiedenen H_2O-Plazierungen und Adsorbensabständen

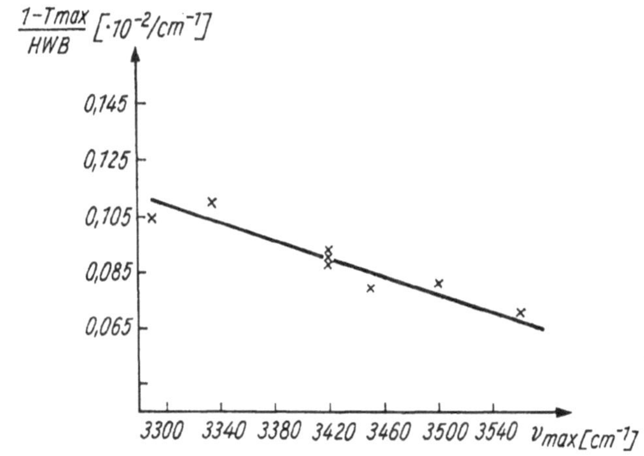

Abb. 15. Zur Änderung von ν_{max}, T_{max} und *HWB* der OH-Valenzabsorptionsbande bei unterschiedlicher Benetzung von KRS-5-Küvettenfenstern

Beispiel wird angenommen, daß sich die H_2O-Moleküle aufgrund starker Wechselwirkung mit dem Br^-- bzw. J^--Ion asymmetrisch zur KRS-5-Wand orientieren (vgl. auch [6]), wie das in Abb. 16 angegeben wurde. Demgemäß wird ein Molekül mit einer Symmetrieebene untersucht, die der des Moleküls entspricht, das der Punktgruppe C_s angehört. Ein solches Molekül besitzt

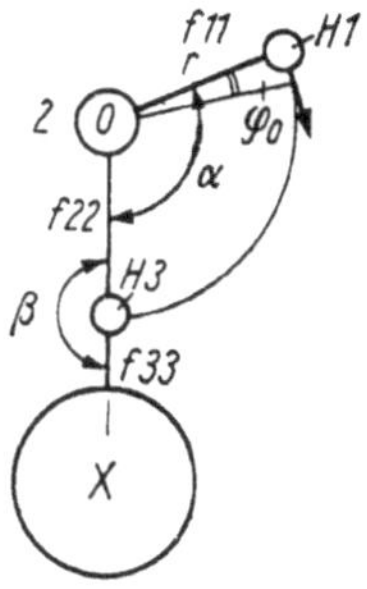

Abb. 16. Molekülmodell X · HOH mit inneren Koordinaten

sechs ($3 \times 4 - 6$) Normalschwingungen (NS), davon fünf vom Typ a' (ebene NS), eine vom Typ a'' (Torsionsoszillation). Nach Abseparation des Typs a' vom Typ a'' werden durch Lösen der Säkulargleichung

$$|\mathfrak{G}\mathfrak{F} - \mathfrak{E}\lambda| = 0 \tag{10}$$

nach der WILSONschen $\mathfrak{G}$-Matrix-Methode [14] die quadratischen Frequenzen bestimmt. $\mathfrak{G}$ ist die reziproke kinetische Energiematrix und $\mathfrak{E}$ die Einheitsmatrix. $\mathfrak{G}$ und $\mathfrak{F}$ können bei Benutzung innerer Koordinaten (vgl. DECIUS-Tabellen [15]) mit $\beta = 180°$ und $\mu_x = 0$ (μ_x reziproke Masse von X, das das Adsorbensmolekül repräsentiert) zu

$$\mathfrak{G} = \begin{vmatrix} \mu_3 + \mu_1 & \mu_3 \cos\alpha & 0 & \frac{\mu_3}{r}\sin\alpha & -\frac{\mu_3}{T}\sin\alpha \\ 0 & \mu_3 + \mu_1 & -\mu_1 & 0 & -\frac{\mu_3}{r}\sin\alpha \\ 0 & 0 & \mu_3 + \mu_1 & 0 & 0 \\ 0 & 0 & 0 & \frac{\mu_3}{r^2} + \mu_1\left(\frac{1}{d} + \frac{1}{r}\right)^2 & \frac{1}{r}\left[\left(\frac{1}{r} - \frac{1}{r}\cos\alpha\right)\mu_3 + \left(\frac{1}{r} + \frac{1}{d}\right)\mu_3\right] \\ 0 & 0 & 0 & 0 & \frac{2}{r^2}\left[\mu_1 + \mu_3(1 - \cos\alpha)\right] \end{vmatrix} \tag{11}$$

und

$$\mathfrak{F} = \begin{vmatrix} f_{11} & f_{12} & 0 & 0 & rf_{15} \\ f_{12} & f_{22} & 0 & 0 & rf_{25} \\ 0 & 0 & f_{33} & 0 & 0 \\ 0 & 0 & 0 & r^2 f_{44} & 0 \\ rf_{15} & rf_{25} & 0 & 0 & r^2 f_{55} \end{vmatrix} \tag{12}$$

angegeben werden. Die Matrixelemente von $\mathfrak{G}$ ergeben sich aus

$$\left.\begin{aligned} \mu_1 &= \mu_H = \frac{1}{1{,}1008} + 0{,}99206 \\ \mu_3 &= \mu_O = \frac{1}{16{,}000} = 0{,}06250 \end{aligned}\right\} \text{reziproke Massen}$$

$$\left.\begin{aligned} &r = 0{,}96\ (\text{Å}),\ \alpha = 105^\circ \\ &d = 2{,}76\ (\text{Å}) \text{ für TlBr, TlJ} \\ &d = 3{,}50\ (\text{Å}) \text{ für } (CH_2)_n \end{aligned}\right\} \begin{array}{l}\text{Bindungsabstände,}\\ \text{Bindungswinkel}\end{array}$$

$\sin\alpha = 0{,}96593$, $\cos\alpha = -0{,}25882$.

Die Matrixelemente von $\mathfrak{F}$ — ausgewählt in Termen des generalisierten Valenzkraftfeldes — werden wie folgt bezeichnet:

f_{11}, f_{22} = „OH-stretching"-Kraftkonstante (*K*.)

f_{33} = „H ... *X*-stretching"-*K*.

f_{44} = „O-H ... *X*-bending"-*K*.

f_{55} = „H-O-H-bending"-*K*.

Die Kraftkonstanten f_{12} bzw. f_{15}, f_{25} beinhalten die „stretching-stretching"- bzw. die „stretching-bending"-Wechselwirkung.

Es ist (in 10^5 dyn cm^{-1}):

$$\begin{aligned} &f_{11} \approx f_{22}, \\ &f_{22} = f_{11}^* - f_{33} = 8{,}428 - f_{33}, \\ &f_{12} = -0{,}105, \\ &f_{15} = f_{25} = 0{,}252, \\ &f_{55} = f_{55}^* + f_{55}' = 0{,}768 + 0{,}246 = 1{,}014. \end{aligned}$$

f_{11}^*, f_{12}, f_{15}, f_{55}^* sind die Kraftkonstanten des generalisierten Valenzkraftfeldes des freien Wassermoleküls.

f_{11} wurde aus Symmetriegründen und wegen der bekannten Kopplung von symmetrischer und antisymmetrischer Valenzschwingung des Wassers zu $\approx f_{22}$ angenommen.

$$f_{33} = -\frac{\partial}{\partial z}\left|\,[k^{\text{H}\ldots X}_{\text{normal}}]_{z=z_0=d}\right. = -\left.\frac{\partial^2 \varphi_G}{\partial z^2}\right|_{z=z_0=d}$$

wurde nach Tab. 2a (IV und VIII) bzw. nach Tab. 9b (II) für $m = n = 20$ bzw. $m = n = 15$ mittels Rechner (ZRA1) zu

	H_2O/TlBr	H_2O/TlJ	$H_2O/(CH_2)n$	Einheit
f_{33}	306,4	401,6	0,515	kcal mol^{-1}Å^{-2}
	2,13	2,79	0,00357	10^5 dyn cm^{-1}

Säkulargleichung (13): $|\mathfrak{G}\mathfrak{F} - \mathfrak{E}\lambda| = 0$

$$\begin{vmatrix} (\mu_3+\mu_1)f_{11}+\mu_3\cos\alpha f_{12}-\mu_3\sin\alpha f_{15}-\lambda & (\mu_3+\mu_1)f_{12}+\mu_3\cos\alpha f_{11}-\sin\alpha\mu_3 f_{25} & 0 & \mu_3\sin\alpha f_{44} & (\mu_3+\mu_1)+f_{15}+\mu_3\cos\alpha r f_{25}-\sin\alpha\mu_3 r f_{55} \\ (\mu_3+\mu_1)f_{12}-\sin\alpha\mu_3 f_{15} & (\mu_3+\mu_1)f_{11}-\sin\alpha\mu_3 f_{25}-\lambda & -\mu_1 f_{33} & 0 & (\mu_3+\mu_1)rf_{25}-\mu_3\sin\alpha r f_{55} \\ 0 & 0 & (\mu_3+\mu_1)f_{33}-\lambda & 0 & 0 \\ \frac{1}{r}\left[(1-\cos\alpha)\mu_3+\left(1+\frac{r}{d}\right)\mu_1\right]f_{15} & \frac{1}{r}\left[(1-\cos\alpha)\mu_3+\left(1+\frac{r}{d}\right)\mu_1\right]f_{25} & 0 & \left[\mu_3+\left(1+\frac{r}{d}\right)\mu_1\right]f_{44}-\lambda & \left[(1-\cos\alpha)\mu_3+\left(1+\frac{r}{d}\right)\mu_1\right]f_{55} \\ \frac{2}{r}[\mu_1+\mu_3(1-\cos\alpha)]f_{14} & \frac{2}{r}[\mu_1+\mu_3(1-\cos\alpha)]f_{25} & 0 & 0 & [\mu_1+\mu_3(1-\cos\alpha)]f_{55}-\lambda \end{vmatrix} = 0$$

bestimmt. f_{44} wurde gleich Null gesetzt, da zur Beschreibung der rücktreibenden Kraft bei Auslenkung des Massenpunktes 3 (Proton) in Abb. 16 die Angabe von f_{22} und f_{33} genügt. f'_{55} ist der Korrekturwert von f^*_{55}, der die Änderung φ_0 des HOH-Gleichgewichtswinkels infolge der Protonenwechselwirkung mit den Wandionen berücksichtigt. Demgemäß gilt:

$$f'_{55}\,\hat{\varphi}_0 = \frac{q_H q_X}{D_0 r^{*2}} \cos\gamma ,$$

$$\frac{\cos\gamma}{(r+d)} = \frac{\sin(90-\gamma)}{(r+d)} = \frac{r^*}{\sin(\alpha-\varphi_0)},$$

$$r^* = ([r+d)^2 + r^2 - 2rd' \cos(\alpha-\varphi_0)]^{1/2}, \; d' = d + a/2$$

bzw.

$$f'_{55} = \frac{q_H q_X}{D_0} \cdot \frac{(r+d')}{r} \cdot \frac{\partial}{\partial\varphi}\left[\frac{\sin(\alpha-\varphi)}{\{(r+d')^2 + r^2 = 2rd' \cos(\alpha-\varphi)\}^{3/2}}\right]_{\varphi=\varphi_0}$$

f_{55} beträgt bei Annahme [16] der effektiven Ladungen $q_X = -\varepsilon$ (ε = Elementarladung) und $q_H = +1/2\varepsilon = 0{,}246 \cdot 10^5$ dyn cm^{-1}. Bei Berücksichtigung dieser angeführten Parameter in der mit (11) und (12) bestimmten Säkulargleichung (13) werden für o. g. Systeme die in Tab. 11 angegebenen Polynome 5. Ordnung erhalten.

Tabelle 11

H_2O/TlBr	$\lambda(\lambda - 2{,}2446)\,(\lambda^3 - 15{,}4270\,\lambda^2 + 72{,}4962\,\lambda - 94{,}1057) = 0$
H_2O/TlJ	$\lambda(\lambda - 2{,}9421)\,(\lambda^3 - 14{,}3779\,\lambda^2 + 63{,}5084\,\lambda - 79{,}6215) = 0$
$H_2O/(CH_2)_n$	$\lambda(\lambda - 0{,}00376)\,(\lambda^3 - 18{,}3054\,\lambda^2 + 96{,}5516\,\lambda - 112{,}009) = 0$

Unter Benutzung des Newtonschen Näherungsverfahrens ermitteln wir dessen Wurzeln λ_i bzw. Frequenzen $\nu_i(\nu_i = 1\,303{,}16\,\sqrt{\lambda_i})$, die in Tab. 12 enthalten sind.

Die Klammerwerte in Tab. 12 geben die Eigenwerte der Säkulargleichung (13) bei Vernachlässigung der HOH-Gleichgewichtswinkeländerung an. Literaturvergleiche [17] zeigen, daß die damit verbundene $X \ldots H^{(1)}$-Wechselwirkung weitgehend vernachlässigbar sein dürfte, da bei großen Wandionen wie z. B. Br^- und J^- für angrenzende H_2O-Moleküle elektrostatische Abschirmungen wirksam werden.

Tabelle 12

H_2O/TlBr	$\lambda_1 = 6{,}8235$	$\lambda_2 = 6{,}4725$	$\lambda_3 = 2{,}1308$	$\lambda_4 = 2{,}2446$ *)
	(6,8601)	(6,4359)	(1,6054)	(2,2446)
	$\nu_1 = 3404{,}1$	$\nu_2 = 3315{,}4$	$\nu_3 = 1902{,}4$	$\nu_4 = 1952{,}4$
	(3413,2)	(3306,0)	(1651,1)	(1952,4)
H_2O/TlJ	$\lambda_1 = 6{,}3740$	$\lambda_2 = 5{,}8792$	$\lambda_3 = 2{,}1247$	$\lambda_4 = 2{,}9421$
	(6,3808)	(5,8712)	(1,5991)	(2,9421)
	$\nu_1 = 3290{,}1$	$\nu_2 = 3160{,}0$	$\nu_3 = 1899{,}6$	$\nu_4 = 2235{,}0$
	(3291,8)	(3157,7)	(1648,0)	(2235,0)
$H_2O/(CH_2)_n$	$\lambda_1 = 8{,}7470$	$\lambda_2 = 8{,}3734$	$\lambda_3 = 1{,}5288$	$\lambda_4 = 0{,}00376$
	$\nu_1 = 3854{,}1$	$\nu_2 = 3770{,}8$	$\nu_3 = 1611{,}2$	$\nu_4 = 79{,}9$

*) $\lambda_5 = \nu_5 = 0$

Auch die vorliegende Rechnung ergibt, daß diese Wechselwirkung auf die interessierenden Wellenzahlen von antisymmetrischer (—) und symmetrischer (······) Valenzschwingung ohne Einfluß ist. Der abnehmende Wandeinfluß auf wandentferntere H_2O-Moleküle bei Berücksichtigung deren Kopplung dürfte bei den vorgegebenen Schichtdicken insgesamt im Falle $H_2O/TlBr$ bzw. H_2O/TlJ eine geringfügige Zunahme, im Falle $H_2O/(CH_2)_n$ eine geringfügige Abnahme von ν_1, ν_2 bewirken, was den gemessenen Werten entspricht.

2. Ramanspektrometrische Untersuchungen

2.1. *Einführung*

Im Gegensatz zu den *IR*-Untersuchungen des Grundschwingungsgebietes sind bei den ramanspektrometrischen Registrierungen aufgrund der großen Probenschichtdicken Störungen infolge Wechselwirkung des Wassers mit dem Küvettenmaterial vernachlässigbar. Entsprechende Untersuchungen an wäßrigen Elektrolytlösungen von Magat [18], Weston [19], Busing und Hornig [20] u. a. [21, ..., 23] zeigen, daß die wesentlichsten Änderungen durch Temperatur- und Elektrolyteinfluß an der intensivsten Ramanbande im „stretching"-Gebiet (2800—3800) cm^{-1} auftreten. Da für schwachgasführende, schwachmineralisierte Thermalwässer, deren thermodynamische Eigenschaften nach Kap. II. nach der Debye-Hückel-Theorie („Debye-Hückel-Lösungen") bestimmt werden können, der Einfluß des Gelösten auf die Wasserstruktur sehr gering ist, beschränken sich die folgenden Untersuchungen auf die Analyse dieses OH-Dehnungsschwingungsgebietes. Das damit assoziierte Fermi-Resonanz-Verhalten wird nach Ermittlung des wahren Linienprofils näher erläutert.

2.2. *Experimentelles*

Die Raman-Spektren von Wasser und *T.W.* sind mit dem Cary-81-Spektrometer (mit Hg-*e*-Niederdruckanregung; Einfachspalt; Zimmertemperatur ≈ 25 °C) aufgenommen worden. Ab 1400 cm^{-1} ist zusätzlich zum KNO_2-Filter ein Äthylviolettfilter benutzt worden, um die ab 1600 cm^{-1} auftretenden, störenden Hg-Linien zu schwächen. Der relative Fehler dieser Untersuchungen, die in der Reihenfolge Wasser (A) — *T.W.* $\mathfrak{A}/\mathfrak{E}$ — Wasser (A) durchgeführt worden sind, beträgt ≦ 1% (vgl. Abb. 17).

Abb. 17. Ramanspektrum des Wassers *A* (25 °C) und Thermalwassers $\mathfrak{A}$ (25 °C). Registrierbedingungen: Spaltbreite = 10 cm^{-1}, Zeitkonstante = 7 sec, Registriergeschwindigkeit = 0,5 cm^{-1}/sec.

Vakuumwellenzahlen in cm^{-1}

	A (25 °C)	$\mathfrak{A}$ (25 °C)	nach [21—23]	
ν_0	186	186	175	0-0-stretching (über H-Brücken)
ν_{l1}	446	446	450	Libration
ν_{l2}	769	769	780	Libration
$\nu_2 a_1$	1639	1639	1645	O-H-bending
$2\nu_2 a_1$	vgl. Tab. 15	vgl. Tab. 15	3225	Fermi-Resonanz
$\nu_1 a_1$			3450	symmetric stretching
$\nu_3 b_1$			3630	antisymmetric stretching

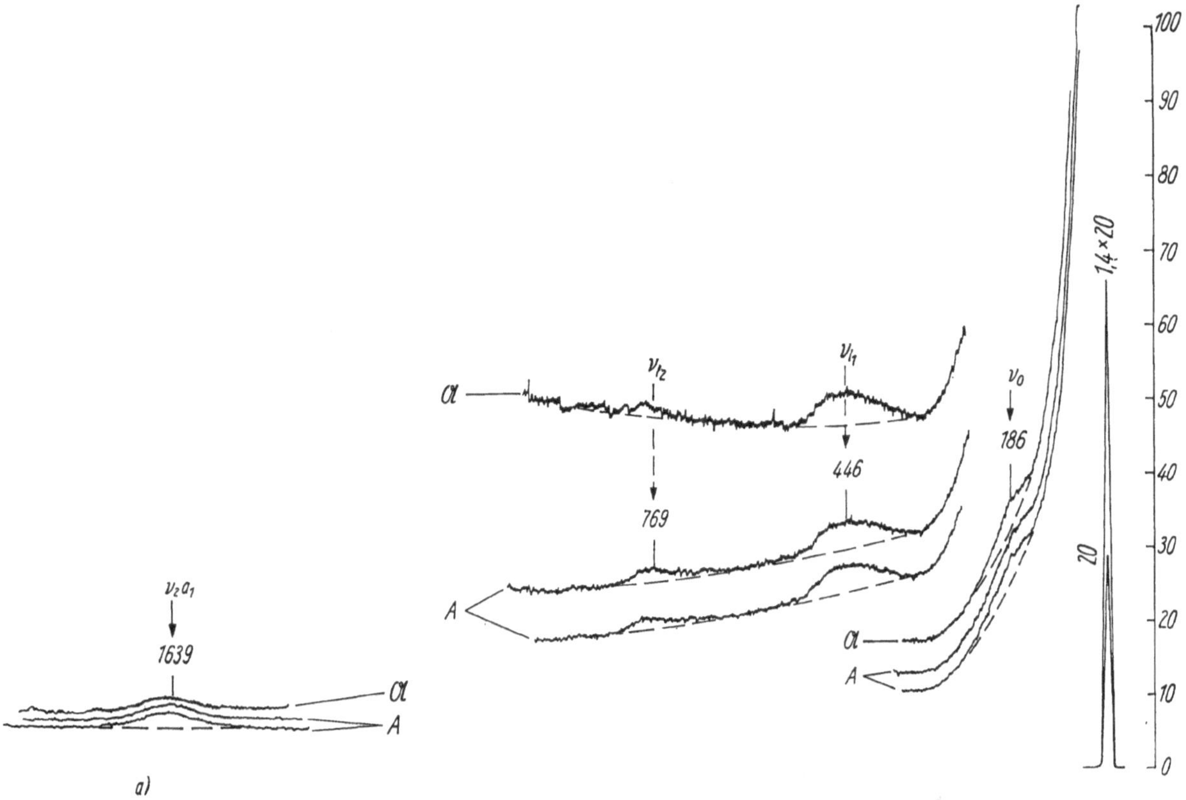

$\nu_2 a_1$
1639
a)
A
ν_{l_2}
769
ν_{l_1}
446
ν_0
186
1,4×20
20

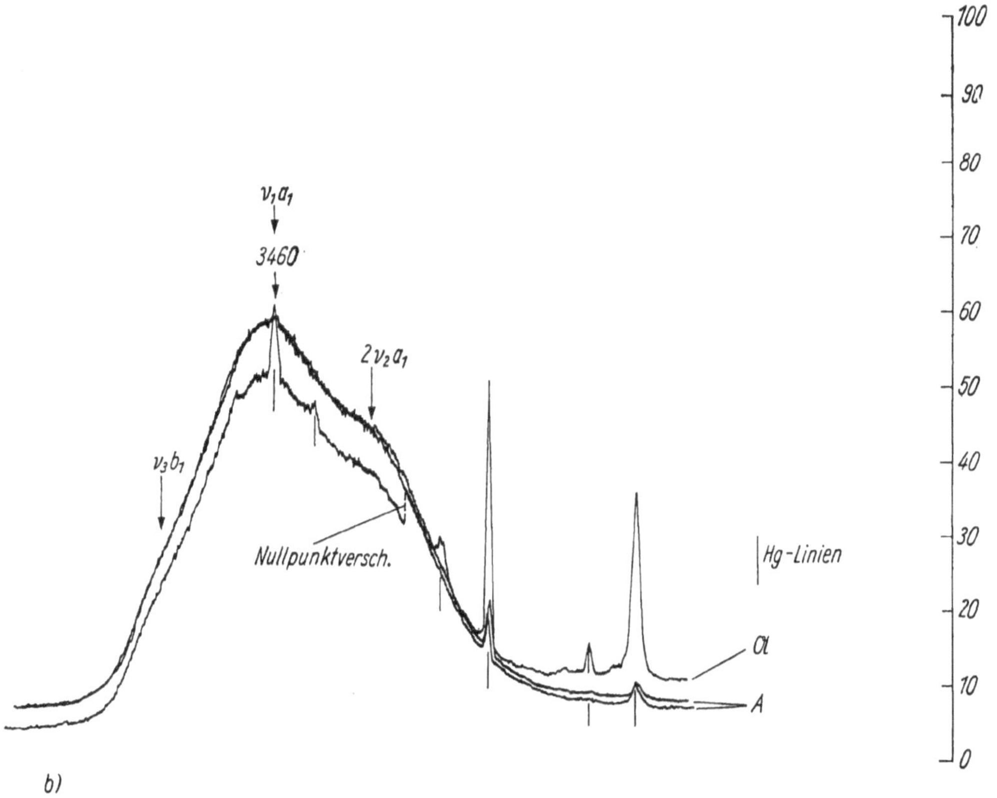

$\nu_1 a_1$
3460
$2\nu_2 a_1$
$\nu_3 b_1$
Nullpunktversch.
Hg-Linien
A
b)

Abb. 17

2.3. *Korrekturen*

2.3.1. *Brechungsindex-Einfluß*

Nach REA [24] ist wegen des Brechungsindex-Einflusses von Probe und Streurohr auf die beobachtete RAMAN-Intensität die Korrektur bezüglich des sogenannten optischen und inneren Feld-Effektes vorzunehmen. Es ergibt sich dann für die relativ integrierte RAMAN-Intensität I_{korr}:

$$I_{\text{korr}} = I_{\text{beob.}} \frac{(R_{\text{opt},P})\,(R_{i,P})}{(R_{\text{opt},S})\,(R_{i,S})} \tag{14}$$

$\left(\frac{R_{\text{opt},S}}{R_{\text{opt},P}}\right)$ ist der optische Korrekturfaktor, $\left(\frac{R_{i,S}}{R_{i,P}}\right)$ der Korrekturfaktor für das innere Feld. Der Index S bezieht sich auf die Werte für die Standardlinie (z. B. CCl_4-458 cm^{-1}), der Index P auf die Werte für die jeweilige Probensubstanzlinie (in unserem Falle auf Wasser). In Anlehnung an [25, 26] können danach für unseren Fall (5 ml-Pyrex-Streurohre) durch Literaturvergleich der entsprechenden Brechungsindizes die Korrekturfaktoren für $T.W.$ 𝔄, 𝔈 und aqua dest. A mit ausreichender Genauigkeit abgeschätzt werden (Tab. 13).

Tabelle 13

Probe	A	A	A	𝔄	𝔈
T [°C]	2	25	95	25	25
$n(\lambda_0 = 546{,}1$ nm)	1,3412	1,3340	1,3259	1,3402	1,3414
$(R_{\text{opt},S}/R_{\text{opt},P})$	1,29	1,29	1,29	1,29	1,29
$(R_{i,S}/R_{i,P})$	0,76	0,76	0,76	0,76	0,76

Der Brechungsindex von 𝔄, 𝔈 wurde mit dem Zeiß-Laborinterferometer LI3 gemessen und der von A für die angegebenen Temperaturen [27] entnommen.

Für die im folgenden untersuchten Beispiele von Wasser A und $T.W.$ 𝔄, 𝔈 ergibt sich demzufolge aufgrund des Brechungsindexeinflusses ein Korrekturfaktor $\frac{(R_{\text{opt},P})}{(R_{\text{opt},S})} \cdot \frac{(R_{i,P})}{(R_{i,S})} \approx 0{,}98.$

Da für die vorliegenden Beispiele ($T.W.$) diese Korrekturfaktoren nur sehr geringfügig (in der dritten Dezimale) voneinander abweichen, können die hier gemessenen Intensitäten direkt miteinander verglichen werden.

2.3.2. *Einfluß des Spektralapparates*

Die Befreiung der gemessenen Intensitätsverteilung von apparativen Parameter-Einflüssen (optische Einflüsse: Beugungserscheinungen an den Spalten und an den Begrenzungen des Strahlenganges, Fehler der Spiegel und Linsen sowie der Justierung der optischen Teile — z. B. fehlerhafte Spaltkrümmung — sowie die aus Intensitätsgründen endliche Spaltbreite des Spektrometers; Einflüsse des Registriersystems Empfänger, Verstärker, Schreiber: endliche Zeitkonstante des Verstärkers, Trägheit der beweglichen Teile der Registrieranordnung) erfolgt bekanntlich [28] durch Bildung des Faltungsintegrals.

Bezeichnet man mit $w(\nu)$ die wahre Intensitätsverteilung der RAMAN-Linie und faßt man alle apparativen systematischen Einflüsse in der sogenannten Apparatefunktion $a(\nu - \nu')$ zusammen, so ergibt sich für die gemessene Intensitätsverteilung:

$$v(\nu') = \int_{-\infty}^{\infty} a(\nu - \nu')\, w(\nu)\, d\nu \tag{15}$$

(ν': am Monochromator fest eingestellte Wellenzahl).

Bei den vorliegenden Untersuchungen wurden die Registrierbedingungen nach SCHUBERT [29] so gewählt (vgl. Text von Abb. 17), daß der Einfluß des Registriersystems auf die wahre Profilfunktion vernachlässigbar gering ist und die Apparatefunktion $a(\nu - \nu')$ gut durch die Spaltfunktion $s(\nu - \nu')$, die nur die optischen Einflüsse enthält, ersetzt werden kann. In Abb. 18 ist diese von WALTER [30] für das Cary-81-Spektrometer mit der Hg-e-Linie gemessene Spaltfunktion angegeben. Mit s wird darin die bezüglich der Wellenzahlabhängigkeit unkorrigierte geometrische Spaltbreite bezeichnet. Der apparatekonstante Korrekturfaktor von s für den im folgenden interessierenden Wellenbereich $\nu_R \approx 3300\ \text{cm}^{-1}$ ergibt sich nach [30] zu $\varrho \simeq 0{,}90$. Er wurde bei den folgenden Betrachtungen vernachlässigt, da er die Ergebnisse nur unwesentlich beeinflussen dürfte. Diese Spaltfunktion kann in unserem Fall (mit $s' = 10\ \text{cm}^{-1}$) durch eine Dreiecks- bzw. VOIGT-Funktion (mit $b_1(a) = 0{,}06$, $p(a) = 1{,}1175$, $h(a) = 12{,}3\ \text{cm}^{-1}$; bezüglich der Definition von b_1, p, h vgl. Abschnitt 2.3.4.) approximiert werden. Einsetzen der endlichen Grenzen $[-l/_2, l/_2]$ in Gl. (15) sowie der FOURIER-Reihen (16) für die entsprechenden Funktionen ergibt für das beobachtete Profil:

$$v(\nu) = \int_{-l/2}^{l/2} \sum_k \sum_{k'} \overline{W}(k) \bar{A}(k') \exp\left[-2\pi i \nu' k/l\right] \exp\left[-2\pi i(\nu - \nu')k'/l\right] d\nu' \tag{18}$$

$$= \sum_k \sum_{k'} \overline{W}(k) \bar{A}(k') \exp\left[-2\pi i \nu k'/l\right] \int_{-l/2}^{l/1} \exp\left[-2\pi i' \nu(k - k')/l\right] d\nu' \tag{19}$$

mit

$$\int_{-l/2}^{l/2} \exp\left[-2\pi i \nu'(k - k')/l\right] d'\nu = \begin{cases} 0 & \text{für } k = k' \\ 1 & \text{für } k = k' \end{cases}$$

und schließlich

$$v(\nu) = l \sum_k W(k) A(k) \exp\left[-2\pi i \nu k/l\right] \tag{20}$$

Durch Vergleich von (20) mit (16c) erhält man

$$\bar{V}(k) = l\overline{W}(k)\,\bar{A}(k), \qquad \overline{W}(k) = \frac{1}{l}\,\frac{\bar{V}(k)}{\bar{A}(k)} \tag{21}$$

und mittels FOURIER-Synthese die wahre Funktion:

$$w(\nu) = \frac{1}{l} \sum_k \frac{\bar{V}(k)}{\bar{A}(k)} \exp\left[-2\pi i \nu k/l\right] \tag{22}$$

Da

$$\bar{V}(k) = \bar{V}_r(k) + i\bar{V}_i(k), \tag{23}$$

$$\bar{A}(k) = \bar{A}_r(k) + i\bar{A}_i(k) \tag{24}$$

(i bezieht sich auf den Imaginärteil, r auf den Realteil des komplexen FOURIER-Koeffizienten) läßt sich (21) umformen (bis auf einen Faktor) zu

$$\overline{W}(k) = \frac{\bar{V}_r(k) + i\bar{V}_i(k)}{\bar{A}_r(k) + i\bar{A}_i(k)} = \frac{\left(\bar{V}_r(k) + i\bar{V}_i(k)\right)\left(\bar{A}_r(k) - i\bar{A}_i(k)\right)}{\bar{A}_r(k)^2 + \bar{A}_i(k)^2} \tag{25}$$

Der Realteil des FOURIER-Koeffizienten des wahren Profils ist demnach

$$\overline{W}_r(k) = \frac{\bar{V}_r(k)\bar{A}_r(k) + \bar{V}_i(k)\bar{A}_i(k)}{\bar{A}_r(k)^2 + \bar{A}_i(k)^2} \tag{26}$$

und sein Imaginäranteil

$$\overline{W}_i(k) = \frac{\bar{V}_i(k)\bar{A}_r(k) - \bar{V}_r(k)\bar{A}_i(k)}{\bar{A}_r(k)^2 + \bar{A}_i(k)^2} \tag{27}$$

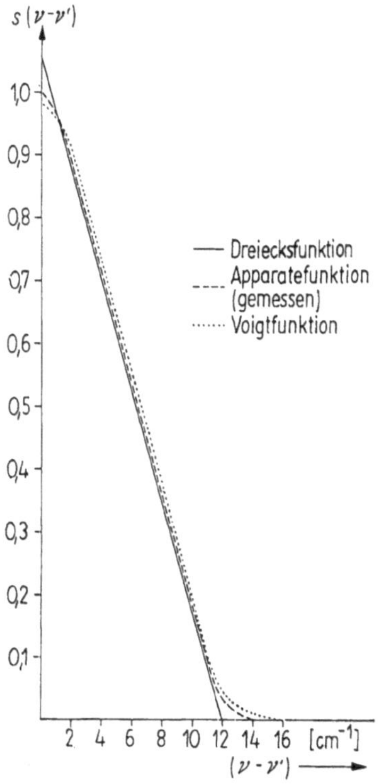

Abb. 18. Spaltfunktion, gemessen nach [30] bzw. approximiert als Dreiecksfunktion sowie als Voigt-Funktion

2.3.3. *Entzerrung der gemessenen Ramanbande des „stretching"-Gebietes durch Faltung mittels Fourier-Transformation*

Wahre Funktion (Intensitätsverteilung) $w(\nu)$, gemessene Funktion $v(\nu)$ und Apparatefunktion (Spaltfunktion) $a(\nu - \nu')$ in (15) können, da die Dirichlet-Bedingungen erfüllt sind (Funktionen im Definitionsintervall stetig) durch ihre Fourier-Reihen (z. B. nach Stokes [31]) in komplexer Form dargestellt werden:

$$w(\nu) = \sum_{-\infty}^{\infty} \overline{W}(k) \exp\left[-2\pi i \nu k/l\right] \tag{16a}$$

$$a(\nu - \nu') = \sum_{-\infty}^{\infty} \overline{A}(k) \exp\left[-2\pi i(\nu - \nu')k/l\right] \tag{16b}$$

$$v(\nu') = \sum_{-\infty}^{\infty} \overline{V}(k) \exp\left[-2\pi i \nu' k/l\right] \tag{16c}$$

Dabei sind $\overline{W}$, $\overline{A}$, $\overline{V}$ komplexe Fourier-Koeffizienten von der Form

$$\overline{W}(k) = \frac{1}{l} \int_{-l/2}^{l/2} w(\nu) \exp\left[2\pi i \nu k/l\right] \text{ etc.} \tag{17}$$

Infolge der Stetigkeit der gemessenen Funktionen wird bei der Bestimmung der Fourier-Koeffizienten $\overline{V}(k)$ und $\overline{A}(k)$ die Integration durch die Summation und der Integrationsbereich $[-l/2, l/2]$ durch $[0, 2\pi]$ ersetzt (Abb. 19).

Es gilt:

$$\overline{V}_r(k) = \frac{2}{n} \sum_{m=0}^{n-1} v(\nu'_m) \cos k \left(\frac{m \cdot 2\pi}{n}\right) \qquad k = 1, 2, 3 \ldots \tag{28}$$

$$\overline{V}_i(k) = \frac{2}{n} \sum_{m=0}^{n-1} v(\nu'_m) \sin k \left(\frac{m \cdot 2\pi}{n}\right) \qquad k = 1, 2, 3 \ldots \tag{29}$$

$$\overline{V}_r(0) = \frac{2}{n} \sum_{m=0}^{n-1} v(\nu'_m) \tag{30}$$

$$\overline{A}_r(k) = \frac{2}{n^*} \sum_{m^*=0}^{n^*-1} a(\nu'_{m^*}) \cos k \left(\frac{m^* \cdot 2\pi}{n^*}\right) \qquad k = 1, 2, 3 \ldots \tag{31}$$

$$\overline{A}_i(k) = \frac{2}{n^*} \sum_{m^*=0}^{n^*-1} a(\nu'_{m^*}) \sin k \left(\frac{m^* \cdot 2\pi}{n^*}\right) \qquad k = 1, 2, 3 \ldots \tag{32}$$

$$\overline{A}_r(0) = \frac{2}{n^*} \sum_{m^*=0}^{n^*-1} a(\nu'_{m^*}) . \tag{33}$$

Für das vorliegende Beispiel der Entzerrung der „stretching"-Bande des Wassers (25 °C) wurden die FOURIER-Koeffizienten (28), ... (33) (Tab. 14) unter folgenden Voraussetzungen

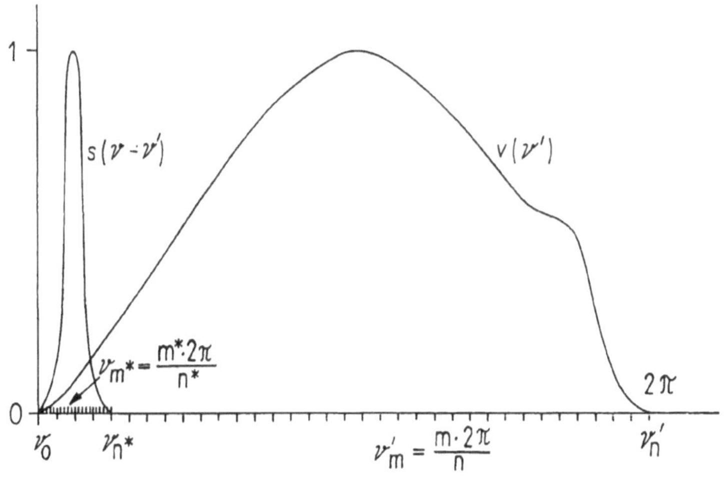

Abb. 19. Entzerrung mittels FOURIER-Analyse

Tabelle 14
FOURIER-Koeffizienten zur Bestimmung der wahren Linienform der Ramanbande des Wassers (25 °C)

k	$\overline{A}_r(k)$	$\overline{A}_i(k)$	$\overline{V}_r(k)$	$\overline{V}_i(k)$	$\overline{W}_r(k)$	$\overline{W}_i(k)$
0	2,906	—	90,800	—	20,266	—
1	2,890	0,290	−47,410	−7,744	−5,886	−8,631
2	2,840	0,577	−0,085	5,197	0,328	1,763
3	2,760	0,855	2,552	−1,750	0,664	−0,840
4	2,649	1,122	−0,690	2,459	0,113	0,694
5	2,509	1,374	0,050	−0,550	−0,092	−0,177
6	2,341	1,592	0,136	−0,749	−0,109	−0,245
7	2,153	1,817	−0,138	−0,528	−0,158	−0,112
8	1,942	2,004	−0,691	−0,249	−0,236	−0,240
9	1,713	2,165	0,165	0,254	0,109	0,010
10	1,503	2,297	0,05	—	0,010	−0,015

bestimmt: die Breite der Teilintervalle für die gemessene Funktion wurde zu $|\nu'_m - \nu'_{m-1}| = 2\pi/n$ ($n = 45$, Anzahl der Stützstellen), die Breite der Teilintervalle im Fall der Spaltfunktion $s(\nu - \nu')$ zu $|\nu'_{m^*} - \nu'_{m^*-1}| = 2\pi/n^*$ ($n^* = 439$) festgelegt.

Die Stützstellen für letztere Funktion wurden wegen der vergleichsweise viel kleineren Linienbreite wesentlich dichter als für die gemessene Raman-Bande gewählt.

Mit den Fourier-Koeffizienten $\overline{W}_r(k)$, $\overline{W}_i(k)$ (Tab. 14) ergibt sich durch Fourier-Synthese entsprechend (22)

$$w(\nu) = \frac{\overline{W}_r(0)}{2} + \sum_{k=1}^{k_{\max}} (\overline{W}_r(k) \cos k\nu + \overline{W}_i(k) \sin k\nu), \qquad k_{\max} = 10 \tag{34}$$

das wahre Linienprofil, das in Abb. 20 (mit einer auf Eins normierten Maximalintensität) u. a. dargestellt wird.

Aus dieser Darstellung geht hervor, daß das durch Lösung des Faltungsintegrals (15) mittels Fourier-Transformation erhaltene wahre Profil der OH-Valenzschwingungsbande im Gebiet der Linienhalbwertsbreite (*HWB*) keine und im Bereich des Bandenkerns (das wahre Linienprofil ist dort maximal bis zu 10 cm^{-1} breiter als das gemessene Profil) sowie der Bandenflügel

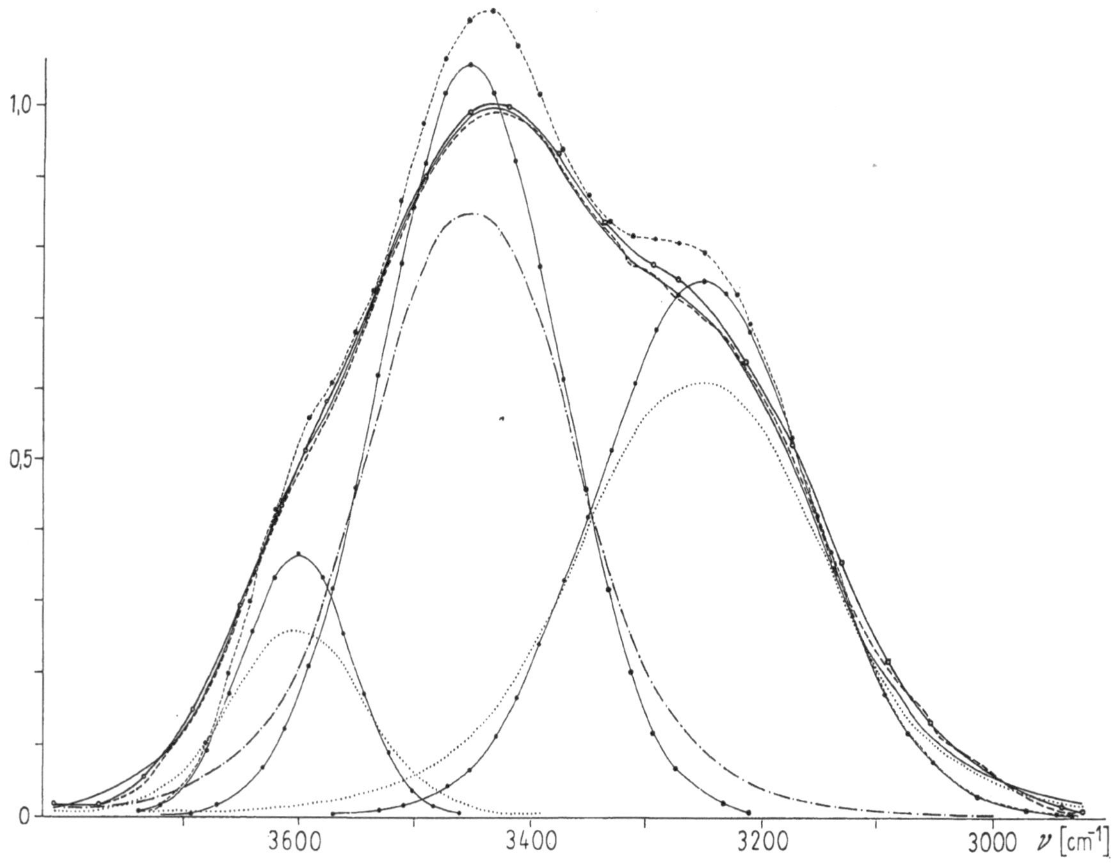

Abb. 20. Theoretisch analysierte OH-Valenzschwingungsbande des Wassers (25 °C)

———————— gemessene Intensitätswerte (entsprechend Abb. 8)
—•—•—•— mittels Fourier-Analyse entzerrte Raman-Bande (nach (34))
--•--•--•-- mittels Voigt-Funktionen entzerrte Raman-Bande (nach (43b), (47))
—o—o—o— mittels Voigt-Funktionen entzerrte Teilbanden (nach (40), (43b))
--------- approximiertes theoretisches Profil (nach (36))
......, ·—·—· theoretisch ermittelte Teilbanden (nach (35))

(das wahre Linienprofil besitzt dort eine etwas höhere Intensität als das gemessene Profil) geringfügige Abweichungen besitzt. Demzufolge ist die Anwendung des von BRÜCKNER und WIESER [32] für die Analyse von MÖSSBAUER-Spektren aufgestellten ALGOL-60-Programms auch für die Analyse der obigen gemessenen RAMAN-Bande unmittelbar anwendbar. Aufgrund der Kenntnisse über die Schwingungskonstanten des Wassers (z. B. [23]) wird angenommen, daß das gemessene Profil aus drei Teilbanden besteht. Nach o. g. Programm kann dann die Intensitätsverteilung v_j einer Teilbande in der Form

$$v_j = (\nu_i'; H_j, B_j, \mathring{\nu}_j') = \frac{B_j}{1 + \alpha\left(\frac{\nu_i' - \mathring{\nu}_j'}{H_j}\right)^2 + (1-\alpha)\left(\frac{\nu_i' - \mathring{\nu}_j'}{H_j}\right)^4}, \quad j = 1, 2, 3; \; i = 1, 2, \ldots, n \tag{35}$$

dargestellt werden. B_j ist ihre Amplitude, $\mathring{\nu}_j'$ ihre zentrale Frequenzlage und H_j ihre Halbwertsbreite (ν_i' sind diskrete Frequenzen). Mit dem Linienformparameter $\alpha = 0{,}55$ (vgl. [34]) werden die Teilbanden vor allem im Bereich der *HWB* durch GAUSS-Kurven gut approximiert. Die Spektrenparameter B_j, H_j, werden so bestimmt, daß der mit ihnen berechnete Intensitätsverlauf der gesamten Bande

$$v_{\text{theor}}(\nu_i'; H_j, B_j, \mathring{\nu}_j') = \sum_{j=1}^{3} v_j(\nu_i'; H_j, B_j, \mathring{\nu}_j') \tag{36}$$

die Meßkurven $v_{\text{exp}}(\nu_i')$ möglichst genau wiedergibt, d. h. daß die Fehlerquadratsumme

$$F = \sum_i [v_{\text{exp}}(\nu_i') - v_{\text{theor}}(\nu_i'; H_j, B_j, \mathring{\nu}_j')]^2 \tag{37}$$

minimal wird. Die Anzahl n der Stützstellen i ($n = 90$, weicht für die verschiedenen Beispiele etwas voneinander ab) und die Anzahl s der notwendigen Zyklen s zur iterativen Bestimmung der einzelnen Parameter $B_j, H_j, \mathring{\nu}_j'$ ($3 \leqq s \leqq 6$, ist wesentlich von der Güte der Annäherung der eingegebenen Spektrenparameter abhängig) ist dementsprechend gewählt worden. Die Abb. 20 und 21 enthalten nun die derart vom Rechner ELLIOTT-NE-503 bestimmten und analysiert ausgedruckten Spektren, Tab. 15 gibt die dazugehörigen Spektrenparameter wieder.

Tabelle 15

Spektrenparameter der nach (35), ..., (37) analysierten OH-„stretching"-Frequenzen

Parameter	RAMAN-Frequenz	*A* (2 °C)	*A* (25 °C)	*A* (95 °C)	𝔄 (1; 25 °C)	𝔈 (25 °C)
$\mathring{\nu}_j'$ [cm^{-1}]	$2\nu_2 a_1$	3223	3263	3292	3263	3273
	$\nu_1 a_1$	3425	3460	3474	3459	3468
	$\nu_3 b_1$	3580	3610	3614	3621	3611
H_j [cm^{-1}]	$2\nu_2 a_1$	244	238	284	237	255
	$\nu_1 a_1$	221	218	218	226	210
	$\nu_3 b_1$	114	138	124	132	137
B_j [%]	$2\nu_2 a_1$	0,458	0,395	0,300	0,323	0,389
	$\nu_1 a_1$	0,591	0,553	0,476	0,527	0,496
	$\nu_3 b_1$	0,122	0,167	0,178	0,132	0,149

2.3.4. *Entzerrung durch Faltung mittels Voigt-Funktionen*

Aufgrund der erfolgten rechnerischen Auflösung der unsymmetrischen Profile scheint die Entzerrung mittels VOIGT-Funktionen nach der Methode von ELSTE [35] (für gemessene zusammengesetzte Profile) zweckmäßig zu sein.

Für (15) schreiben wir dann

$$v(\nu') = v_1(\nu') + v_2(\nu') + v_3(\nu') = \int_{-\infty}^{\infty} \{w_1(\nu) + w_2(\nu) + w_3(\nu)\}\, a(\nu - \nu')\, d\nu \tag{38}$$

mit

$$w(\nu) = w_1(\nu) + w_2(\nu) + w_3(\nu). \tag{39}$$

Die $w_i(\nu)$ lassen sich als VOIGT-Funktionen in der Form

$$w(\nu \mid \beta_1, \beta_2) = \frac{1}{\pi} \int_0^{\infty} e^{-\beta_1(w)|k| - (\beta_2^2(w)/4)k^2} e^{-i\nu k} dk \tag{40}$$

darstellen, wobei die FOURIER-Transformierte von w

$$\overline{W}(k|\beta_1, \beta_2) = e^{-\beta_1(w)|k| - (\beta_2^2(w)/4)k^2} \tag{41}$$

das Produkt der FOURIER-Transformierten von Dispersionsfunktion (mit *HWB* β_1) und GAUSS-Funktion (mit halber $1/e$-Breite β_2) ist. Das Entzerrungsproblem ist gelöst, wenn die Dispersionsparameter $\beta_1(w)$ bzw. die GAUSS-Parameter $\beta_2(w)$ bestimmt worden sind. Da im vorliegenden Beispiel Apparatefunktion (a) und beobachtete Funktion ($v = v_1 + v_2 + v_3$) durch VOIGT-Funktionen angenähert werden, gilt für die Faltung entsprechend (15)

$$v\{\nu'|\beta_1(v), \beta_2(v)\} = \int_{-\infty}^{\infty} w\{\nu \mid \beta_1(w), \beta_2(w)\} \cdot a\{(\nu - \nu') \mid \beta_1(a), \beta_2(a)\} d\nu \tag{42}$$

mit

$$v\{\nu'|\beta_1(v), \beta_2(v)\} = v_1\{\nu'|\beta_1(v_1), \beta_2(v_1)\} + v_2\{\nu'|\beta_1(v_2), \beta_2(v_2)\} + v_3\{\nu'|\beta_1(v_3), \beta_2(v_3)\} \tag{43a}$$

und

$$w\{\nu \mid \beta_1(w), \beta_2(w)\} = w_1\{\nu \mid \beta_1(w_1), \beta_2(w_1)\} + w_2\{\nu \mid \beta_1(w_2), \beta_2(w_2)\} + w_3\{\nu \mid \beta_1(w_3), \beta_2(w_3)\} \tag{43b}$$

sowie analog zu (21) für die dabei vorliegende Multiplikation der FOURIER-Transformierten

$$V\{k \mid \beta_1(v), \beta_2(v)\} = w\{k \mid \beta_1(w), \beta_2(w)\} \cdot A\{k \mid \beta_1(a), \beta_2(a)\}. \tag{44}$$

Durch Vergleich von (44) mit (41) ergibt sich für die Dispersionsparameter

$$\beta_1(v) = \beta_1(w) + \beta_1(a) \rightarrow \beta_1(w) \tag{45}$$

und für die GAUSS-Parameter

$$\beta_2^2(v) = \beta_2^2(w) + \beta_2^2(a) \rightarrow \beta_2(w). \tag{46}$$

Mit (45) und (46) liefert die FOURIER-Synthese (vgl. (22)) unter Berücksichtigung von (44) die gesuchte wahre Funktion:

$$w(\nu \mid \beta_1, \beta_2) = \frac{1}{\pi} \sum_{i=1}^{3} \int_0^{\infty} e^{-\beta_1(w_i)|k| - \beta_2^2(w_i)/4)k^2} \cdot e^{-i\nu k} dk. \tag{47}$$

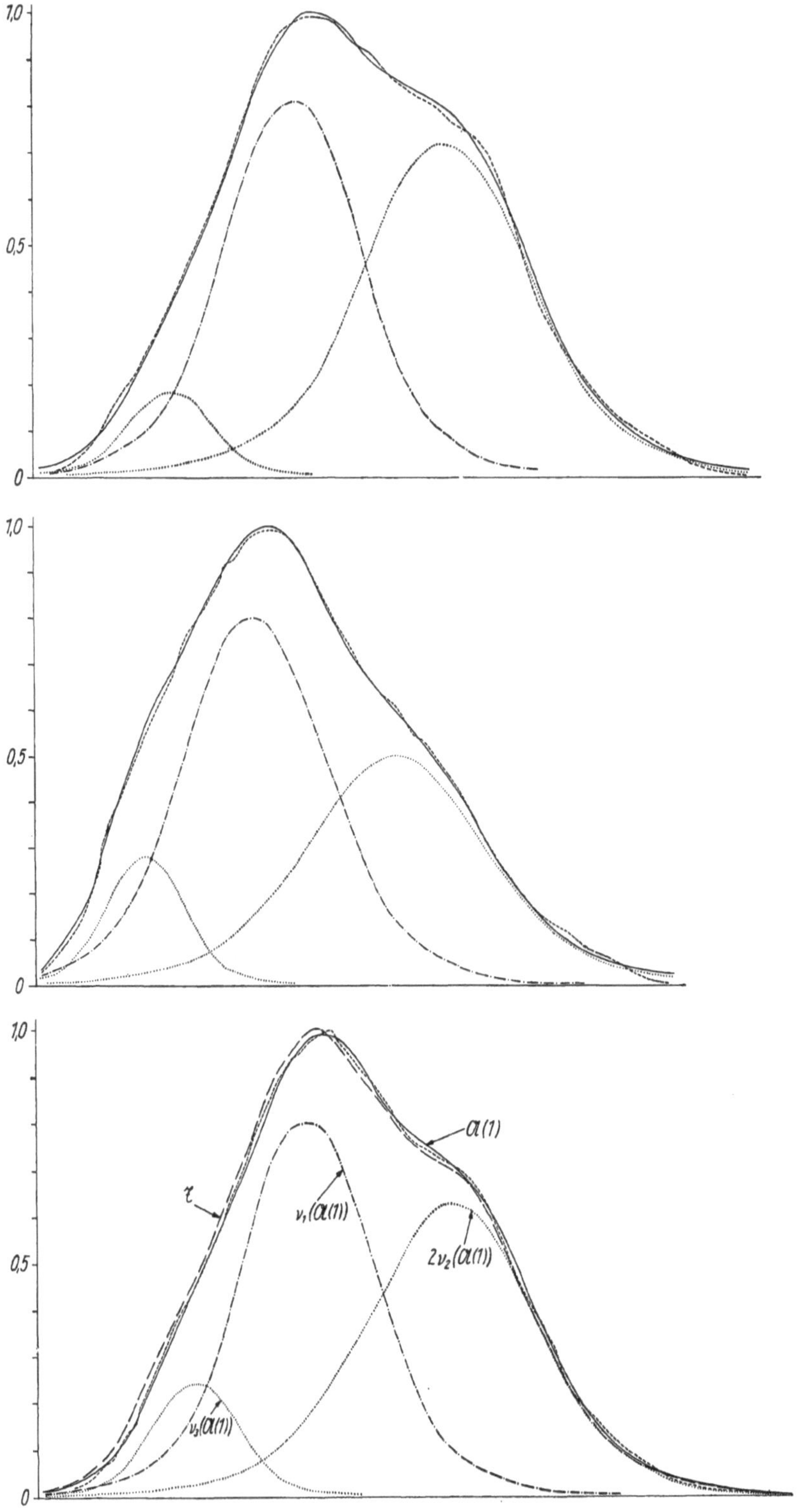

21/1

21/2

21/3

Abb. 21. In die Teilbanden aufgelöste OH-stretching-RAMAN-Bande

21/1: $H_2O(A)$, 2°C 21/2: $H_2O(A)$, 95°C 21/3: *T.W.* 𝔄, 𝔈, 25°C

exp. Werte nach [25]

——— exp. Werte, ·—·—·, – – – –, ········· theoret. Werte nach (35), …, (37)

Bestimmung der Parameter der gesuchten Voigt-Funktionen

Zu diesem Zweck wird auf doppeltlogarithmischem Papier ein Koordinatensystem mit einer möglichst dichten Schar von Voigtfunktionen verschiedener Formzahl $b_1 = \beta_1/h$ (h: Halbwertsbreite), die auf Höhe (Maximalintensität) und Halbwertsbreite normiert sind (entsprechend den in [35] tabellarisierten Werten) angelegt. Danach wird auf entsprechendem Transparentpapier die gemessene Funktion (Linienprofil) gezeichnet und durch Übereinanderlegen der Blätter deren Parameter b_1 bestimmt. Aus dem tabellarisierten Zusammenhang zwischen b_1 und $b_2 = \beta_2/h$ werden die Gaußparameter erhalten. Die Bestimmung der Parameter der wahren Funktion erfolgt daraufhin unter Benutzung von (45) und (46).

Für die untersuchten Beispiele (Abb. 20, 21) wurden nach obigem Verfahren die VOIGT-Parameter Tab. 16 gefunden. Die mit diesen genäherten Werten — unter Benutzung des Tabellenwertes über VOIGT-Funktionen [35] — nach den Gln. (43b) und (47) erhaltenen Teilprofile sowie das sich daraus ergebende Gesamtprofil der Bande sind z. B. in Abb. 20 durch punktierte Kurven wiedergegeben.

Tabelle 16

VOIGT-Parameter für „OH-stretching"-RAMAN-Frequenzen

VOIGT-Parameter	RAMAN-Übergang	A (2°C)	A (25°C)	A (95°C)	𝔄(1) (25°C)	𝔈 (25°C)
$b_1(v)$	$2\nu_2 a_1$	0,09	0,110	0,14	0,11	0,13
	$\nu_1 a_1$	0,03	0,10	0,10	0,10	0,10
	$\nu_3 b_1$	0,19	0,16	0,08	0,14	0,13
$h(v)$*)	$2\nu_2 a_1$	244,3	238,3	284,0	236,5	255,0
	$\nu_1 a_1$	221,1	218,4	217,7	215,7	210,0
	$\nu_3 b_1$	113,5	137,8	126,3	131,9	137,0
$c(v)$	$2\nu_2 a_1$	0,458 (0,665)	0,395 (0,615)**)	0,300 (0,505)	0,323 (0,526)	0,389 (0,634)
	$\nu_1 a_1$	0,591 (0,855)	0,553 (0,845)	0,476 (0,795)	0,507 (0,825)	0,496 (0,810)
	$\nu_3 b_1$	0,122 (0,170)	0,167 (0,265)	0,178 (0,300)	0,132 (0,215)	0,149 (0,244)
$b_1(w)$	$2\nu_2 a_1$	0,068	0,092	0,11	0,085	0,101
	$\nu_1 a_1$	0,024	0,077	0,078	0,076	0,076
	$\nu_3 b_1$	0,152	0,144	0,065	0,106	0,101
$h(w)$	$2\nu_2 a_1$	237,8	230,9	267,5	227,5	244,5
	$\nu_1 a_1$	212,3	209,9	206,1	209,4	203,6
	$\nu_3 b_1$	105,5	130,4	115,0	125,9	130,0
$c(w)$	$2\nu_2 a_1$	0,479 (0,695)	0,416 (0,648)	0,336 (0,549)	0,343 (0,558)	0,415 (0,676)
	$\nu_1 a_1$	0,619 (0,895)	0,586 (0,896)	0,511 (0,853)	0,533 (0,866)	0,522 (0,854)
	$\nu_3 b_1$	0,136 (0,189)	0,182 (0,288)	0,207 (0,348)	0,142 (0,232)	0,160 (0,262)

*) Die Halbwertsbreiten $h(v)$ und $h(w)$ sind in cm^{-1} angegeben.

**) Die Werte in Klammern sind die Intensitäts-Amplituden der Einzellinien, wenn die Maximalintensität der gemessenen Bande auf Eins normiert wird. $c(v)$ Zentralwert der gemessenen Funktion, $c(w)$ Zentralwert der entzerrten Funktion.

2.4. *Diskussion der analysierten Teilbanden*

Die nach obigem einfachen Verfahren mittels VOIGT-Funktionen entzerrte RAMAN-Bande unterscheidet sich vor allem im Bereich des Bandenkerns merklich von der über die FOURIER-Analyse entzerrten Bande. Die Güte des so approximierten wahren Profils wird durch die Fehlerabschätzung bestimmt. Im Falle der FOURIER-Analyse geschieht das durch Ermittlung des wahrscheinlichsten Fehlers der FOURIER-Koeffizienten $\overline{W}(k)$ der wahren Funktion $w(\nu)$ (vgl. [31]) wie folgt:

$$\begin{aligned} |\Delta\overline{W}(k)|^2 &= |\Delta(\overline{V}/\overline{A}\,|^2 = |(\overline{A}\Delta\overline{V} - \overline{V}\Delta\overline{A})/\overline{A}^4| \\ &= (\overline{A}^2\Delta\overline{V}^2 + \overline{V}^2\Delta\overline{A}^2\overline{A}^4 = \left\{\left(\frac{\overline{A}^2}{n} + \frac{\overline{V}^2}{n^*}\right)\Big/\overline{A}^4\right\}\Delta^2 \end{aligned} \tag{48}$$

mit (im vorliegenden Beispiel)

$$|\Delta\overline{V}(k)|^2 = \frac{\Delta^2}{n}, \qquad |\Delta\overline{A}(k)|^2 = \frac{\Delta^2}{n^*}, \qquad \text{da z. B. } \Delta\nu(\nu')^2 = \Delta^2$$

und n, n^* = Anzahl der Stützstellen (vgl. Abb. 19).

Einsetzen von $\overline{V}(k)$, $\overline{A}(k)$ (Gl. (23, 24)) in (48) ergibt $|\Delta\overline{W}_r(k)|^2$, $|\Delta\overline{W}_i(k)|^2$. Durch Berücksichtigung der Werte für $\overline{A}_r(k)$, $\overline{A}_i(k)$, $\overline{V}_r(k)$ und $\overline{V}_i(k)$ nach Tab. 14 wird für die wahrscheinlichsten Fehler $|\Delta\overline{W}_r(k)|^2$, $|\Delta\overline{W}_i(k)|^2$ in unserem Fall ein Wert $\gg \Delta^2$, d. h. für $w(\nu)$ ein vernachlässigbarer Fehler, erhalten.

Daraus ergibt sich für das vorliegende Entzerrungsproblem bei Verwendung von VOIGT-Funktionen, daß Apparate- und gemessene Funktion analog zu [36] besser z. B. durch die Differenz von VOIGT-Funktionen approximiert werden sollten.

Auch die nach erfolgter FOURIER-Analyse durchgeführte rechnerische Aufspaltung (nach (35)) der entzerrten Bande in ihre Teilprofile ergibt einen vernachlässigbaren Fehler des Intensitätsverlaufs $v_{\text{theor}}(\nu_i'; H_j, B_j, \mathring{\nu}_j')$ gegenüber $v_{\exp}(\nu_i')$. Unbestimmt allerdings bleibt die günstigste Wahl des Linienformparameters α.

2.5. *Fermi-Resonanz-Verhalten*

2.5.1. *Mathematische Formulierung*

Bereits 1933 hat SUTHERLAND [37] aufgrund von Depolarisationsgraduntersuchungen die Ansicht vertreten, daß die RAMAN-Bande des Wassers im „OH-stretching-Gebiet" aus einem relativ unwesentlichen Anteil — hervorgerufen durch die asymmetrische Valenzschwingung ν_3 — sowie aus einem wesentlichen Beitrag infolge von FERMI-Resonanz zwischen der symmetrischen Valenzschwingung ν_1 und dem Oberton der Deformationsschwingung $2\nu_2$ besteht. Der Übergang $2\nu_2 a_1$ ist erlaubt, da die beiden sich störenden Übergänge $\nu_1 a_1$ und $2\nu_2 a_1$ zur selben Rasse gehören. Die Größe dieser Störung ist vom Wert des entsprechenden Matrix-Elements der Störungsfunktion H

$$H_{12} = \int \Psi_1^{(0)} H \Psi_2^{(0)} d\tau$$

abhängig. H ist im wesentlichen durch die anharmonischen (kubischen, quartären usw.) Terme in der potentiellen Energie gegeben. $\Psi_1^{(0)}$, $\Psi_2^{(0)}$ sind die Null-Approximations-Eigenfunktionen der beiden sich störenden Schwingungsniveaus. Die Eigenfunktionen Ψ_1, Ψ_2 der resultierenden Zustände können nach der Störungsrechnung für zwei dicht benachbarte Niveaus als Gemisch der Null-Aproximationseigenfunktionen zu

$$\Psi_1 = a\Psi_1^{(0)} - b\Psi_2^{(0)} \tag{49a}$$

$$\Psi_2 = b\Psi_1^{(0)} + a\Psi_2^{(0)} \tag{49b}$$

mit

$$a = \left(\frac{\sqrt{4|H_{12}|^2 + \delta^2} + \delta}{2\sqrt{4|H_{12}|^2 + \delta^2}}\right)^{1/2} \tag{49c}$$

$$b = \left(\frac{\sqrt{4|H_{12}|^2 + \delta^2} - \delta}{2\sqrt{4|H_{12}|^2 + \delta^2}}\right)^{1/2} \tag{49d}$$

angegeben werden. Der Index 1 bezieht sich auf den Zustand der Schwingungsquantenzahlen $v_1 = 1$, $v_2 = 0$, $v_3 = 0$, der Index 2 auf den Zustand der Schwingungsquantenzahlen

$$v_1 = 0, v_2 = 2, v_3 = 0.$$

$\delta = E_1^{(0)} - E_2^{(0)}$ ist der Termabstand der ungestörten Niveaus ($\delta = 0 \sim$ exakte Resonanz, „fifty-fifty"-Gemisch von $\Psi_1^{(0)}$ und $\Psi_2^{(0)}$, δ sehr groß $\sim \Psi_1 \to \Psi_1^{(0)}$ und $\Psi_2 \to \Psi_2^{(0)}$).

Demgegenüber ergibt sich der Termabstand Δ der zu Ψ_1, Ψ_2 gehörigen Energieniveaus E_1, E_2 nach o. g. Störungsrechnung aus

$$\begin{vmatrix} E_1^{(0)} - E & H_{12} \\ H_{21} & E_2^{(0)} - E \end{vmatrix} = 0 \tag{50}$$

Mit $H_{21} = H_{12}^*$ wird die Eigenlösung von (50) zu

$$E_{1,2} = \frac{1}{2} (E_2^{(0)} + E_1^{(0)}) \pm \frac{1}{2} \sqrt{4|H_{12}|^2 + \delta^2} \tag{51}$$

und damit

$$\Delta = \sqrt{4|H_{12}|^2 + \delta^2} \tag{52}$$

bestimmt. Aufgrund der Vermischung der Null-Approximationseigenfunktionen (49a, b) besitzt der Oberton eine relativ hohe Intensität. Die Resonanz, ausgedrückt durch das Verhältnis $I(2\nu_2)/I(\nu_2)$, ist dabei um so größer, je kleiner δ ist (im Gaszustand: Termabstand $(\nu_1 - 2\nu_2^{(0)}) \approx 500\ \mathrm{cm}^{-1}$, Fehlen der Resonanz).

Bekanntlich [24] ist die absolute RAMAN-Intensität einer Bande proportional zum Quadrat von

$$[P^{(0)}]_{vv'} = \int \Psi_v P^{(0)} \Psi_{v'}\, d\tau \tag{53}$$

Die Indizes von v und v' beziehen sich auf die Zustände, zwischen denen der Übergang erfolgt. $P^{(0)}$ ist die Amplitude des induzierten Dipolmoments. Die Berücksichtigung von (49a, b) in (53) führt auf

$$I^{1/2}(\nu_1) = \text{const}\,[a \int \Psi_{100}^{(0)} P^{(0)} \Psi_{000}\, d\tau - b \int \Psi_{020}^{(0)} P^{(0)} \Psi_{000}\, d\tau], \tag{54a}$$

$$I^{1/2}(2\nu_2) = \text{const}\,[b \int \Psi_{100}^{(0)} P^{(0)} \Psi_{000}\, d\tau + a \int \Psi_{020}^{(0)} P^{(0)} \Psi_{000}\, d\tau]. \tag{54b}$$

Die Einführung von (49c, d) in (54a, b) ergibt dann für das Intensitätsverhältnis der RAMAN-Banden von symmetrischer Valenzschwingung und Oberton der Deformationsschwingung bei Vernachlässigung des extrem kleinen Anteils der ungestörten Harmonischen (zweite Glieder in den Klammern):

$$\frac{I(\nu_1)}{I(2\nu_2)} \simeq \frac{a^2}{b^2} = \frac{\Delta + \delta}{\Delta - \delta}. \tag{55}$$

2.5.2. *Analyse des Temperatur- und Elektrolyteinflusses*

Nach Abschnitt 2.3. werden nach Ausplanimetrieren der Teilbanden für die *T.W.* 𝔄, 𝔈 und Aqua dest. verschiedener Temperatur die in Tab. 17 angegebenen Werte erhalten:

$I(\nu_1)/I(2\nu_2)$ nimmt im angegebenen Bereich mit zunehmender Temperatur linear ab (Abb. 22a). Adäquat dazu ist die Verringerung des Termabstandes Δ infolge Störung der Resonanz. Nach Abb. 22a ergeben sich somit für die *T.W.* 𝔄, 𝔈 (für $I(\nu_1/I(2\nu_2))$ Strukturtemperaturen von

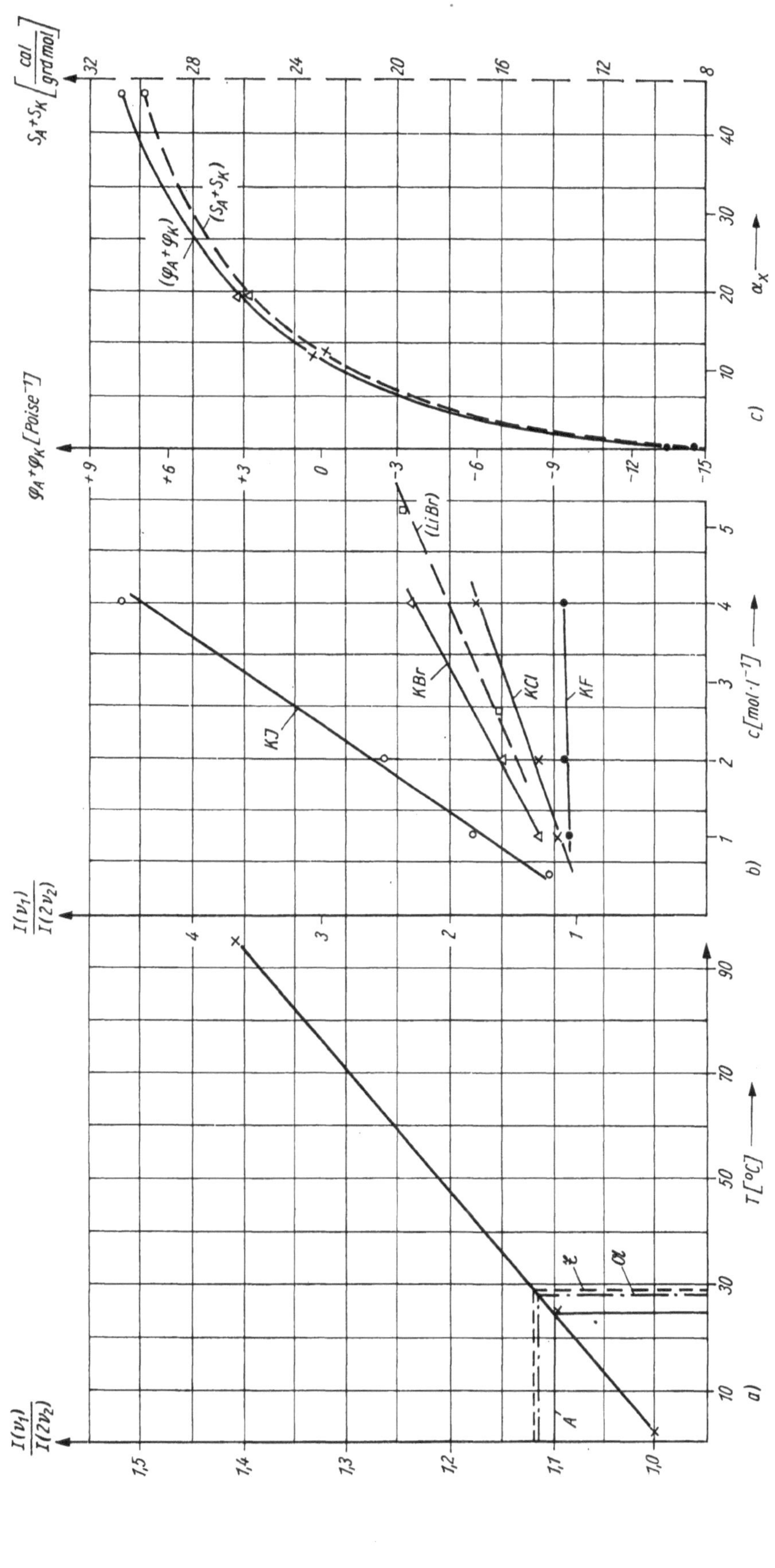

Abb. 22. Temperatur- und Elektrolyteinfluß (nach (56), (56'), (57) auf das Intensitätsverhältnis $I(\nu_1)/I(2\nu_2)$ der OH-Valenzassoziationsbande des Wassers

Tabelle 17

*)	A, 2°C	A, 25°C	A, 95°C	𝔄, 25°C	𝔈, 25°C
$\gamma = \frac{I(\nu_1)}{I(2\nu_2)}$	1,0025	1,0945	1,4119	1,1142	1,118
$\delta \simeq \left(\frac{\gamma - 1}{\gamma + 1}\right) \Delta$	0,252	9,25	33,10	10,59	10,83
Δ	202,1	197,5	182,1	196,0	194,4
$\Delta\nu_1 \simeq \frac{\Delta - \delta}{2}$	100,9	94,13	75,0	92,7	91,8

*) γ in dimensionslosen Einheiten, δ, $\Delta\nu_1$, Δ in cm^{-1}.

einigen Grad ($\approx 3°$ K im Falle 𝔄, $\approx 4°$ K im Falle 𝔈). Das unterschiedliche FERMI-Resonanz-Verhalten bei Beeinflussung des Wassers durch verschiedene Ionen wird am Beispiel spezieller wäßriger Vergleichslösungen in Abb. 22b erläutert. Diese Werte wurden aus entsprechenden von WESTON [19] angegebenen spektroskopischen Daten bestimmt. Durch Vergleich obiger Abbildungen ist es möglich, für diese Lösungen die Strukturtemperaturen in Abhängigkeit von der Elektrolytkonzentration anzugeben. Insbesondere kann (55) für die vorliegenden Beispiele durch die folgende Temperatur-, Konzentrations- und Elektrolytabhängigkeit charakterisiert werden:

$$\left.\frac{I(\nu_1)}{I(2\nu_2)}\right|_{T;\,c_x} = \alpha_x(T)\,c_x + \left.\frac{I(\nu_1)}{I(2\nu_2)}\right|_{T;\,c_x=0} \tag{56}$$

$$\left.\frac{I(\nu_1)}{I(2\nu_2)}\right|_{T;\,c_x=0} = \sigma T + \left.\frac{I(\nu_1)}{I(2\nu_2)}\right|_{T=0°\mathrm{C};\,c_x=0} \tag{56'}$$

mit

c_x = Konzentration des Elektrolyten X in mol $\cdot\, l^{-1}$,
σ = Temperaturkoeffizient = 0,0044 grd^{-1},
$\alpha_x = \frac{\Delta[I(\nu_1)/I(2\nu_2)]}{\Delta c_x}$

In der Abb. 22b äußert sich für die angegebenen wäßrigen Lösungen der Anioneneffekt (bei gleichen Kationen) in einer Zunahme von α_x mit Vergrößerung des Anionenradius (vgl. Tab. 18).

Tabelle 18

Wirkung der Ionen pro Äquivalent (φ_A, φ_K) auf die Fluidität des Wassers (vgl. [35]); Radien (r_A, r_K) und Strukturbrechungsentropien (S_A, S_K) der Ionen [19]

X	α	r_K [Å]	r_A	φ_K [Poise^{-1}]	φ_A	$\varphi_K + \varphi_A$	S_K [calgrd^{-1} mol^{-1}]	S_A	$S_K + S_A$
KJ	45,00	1,33	2,00	0,28	7,58	7,86	12,0	17,9	29,9
KBr	19,44	1,33	1,96	0,28	3,09	3,37	12,0	13,9	25,9
KCl	12,22	1,33	1,81	0,28	0,28	0,56	12,0	10,2	22,9
KF	0,22	1,33	1,33	0,28	−13,6	−13,32	12,0	−3,5	8,5
(LiBr)	15,55	0,78	1,96	−14,00	3,09	−10,91	−1,1	13,9	12,8

2.5.3. *Bestimmung spezieller D-Struktur-Eienschaften*

Die für die Ionenhydratation charakteristische Größe α_x wurde in Abb. 22c in Abhängigkeit von der Fluidität bzw. der Strukturbrechungsentropie der Ionen dargestellt. Dabei gilt (mit $T = 298{,}2°$ K):

$$\alpha_x^{(i)} = k_i \exp(a_i s_i) + c_i \tag{57}$$

mit

$$s_i = \begin{cases} \varphi_A + \varphi_K & \text{für} \quad i = 1 \\ S_A + S_K & \text{für} \quad i = 2. \end{cases}$$

Von den vier charakteristischen Konstanten k_i, a_i, s_i, c_i o. g. Beispiele wurden aus Abb. 22c zunächst die c_i bestimmt:

$$c_i = \begin{cases} -13{,}62 & \text{für} \quad i = 1 \\ 0{,}31 & \text{für} \quad i = 2. \end{cases}$$

Nach anschließender Rektifikation $Y_i = \log(\alpha_x{}^i - c_i)$ und s_i,

$$Y_i = \log k_i + a_i s_i, \tag{57'}$$

ergeben sich dann aus den Kurven (57′) $k_i\,(= \exp Y_i\,(s_i = 0))$ und $a_i\,(= dY/ds_i)$ zu

$$k_i = \begin{cases} 26{,}58 & \text{für} \quad i = 1 \\ 0{,}169 & \text{für} \quad i = 2, \end{cases}$$

$$a_i = \begin{cases} 0{,}084 \text{ Poise} & \text{für} \quad i = 1 \\ 0{,}185 \text{ cal}^{-1} \cdot \text{grd} \cdot \text{mol} & \text{für} \quad i = 2. \end{cases}$$

Außerdem bewirkt die Fermi-Resonanz $\nu_1 \leftrightarrow 2\nu_2$, analog zu der bei gasförmigen CO_2, ein relatives Anwachsen der Schwingungsverteilungsfunktion

$$Q_1 = \left(1 - e^{\frac{-hc\nu_1}{kT}}\right)^{-1} \tag{58}$$

um den Näherungsbetrag (nach Differentiation von (58) nach ν_1 wurde $dQ_1/d\nu_1$ durch $\Delta Q_1/\Delta\nu_1$ ersetzt):

$$\frac{\Delta Q_1}{Q_1} = \Delta \ln Q_1 = \left(1 - e^{\frac{-hc\nu_1}{kT}}\right)^{-1} e^{\frac{-hc}{kT}\nu_1} \left(-\frac{hc}{kT}\right) \Delta\nu_1 \tag{59}$$

($\Delta\nu_1$ = Änderung der symmetrischen Valenzfrequenz ν_1 infolge Resonanz $= \Delta - \delta/2$).

$\Delta Q_1/Q_1$ entspricht dem Beitrag der Fermi-Resonanz $\Delta(-F^0/RT)$ zum Schwingungsanteil der Gibbsschen-freien-Energiefunktion $(-F^0/RT)_{\text{vib}}$. Dieser Beitrag ist für die in Abschnitt 3.2.3. analysierten Systeme in der folgenden Tab. 19 angegeben.

Die Fehler von ν_1, $\Delta\nu_1$, γ sowie von $\Delta(-F^0/RT)$, α_x, σ, k_i, a_i s_i und c_i sind hauptsächlich dadurch bedingt, daß bei der Ausgleichung (37) der OH-Valenzassoziationsbande kein absolutes Minimum erhalten wird, demzufolge die gewonnenen Spektrenparameter der Teilbanden nicht unbedingt optimal sind. Es bedarf noch einigen Erfahrungsmaterials, für das jeweilige Meßproblem die besten Werte dafür zu finden.

Tabelle 19

	ν_1 [cm^{-1}]	$\Delta\nu_1$ [cm^{-1}]	$\Delta(-F^\circ/RT)$
A, 2°C	3425	100,9	$0{,}88 \cdot 10^{-8}$
A, 25°C	3460	94,13	$2{,}52 \cdot 10^{-8}$
A, 95°C	3474	75,6	$3{,}70 \cdot 10^{-7}$
$\mathfrak{A}(1)$, 25°C	3459	92,7	$2{,}50 \cdot 10^{-8}$
$\mathfrak{E}$, 25°C	3468	91,8	$2{,}37 \cdot 10^{-8}$

Die vorliegenden V-Strukturuntersuchungen mittels RAMAN-Effekt weisen insbesondere für die Thermalwässer des angegebenen Konzentrationsbereichs eindeutig aus, daß bei diesen keine besonderen (anomalen) Strukturen vorliegen. In Verbindung mit den Untersuchungen des Kapitels II. folgt, daß die Änderungen deren D- und V-Struktur nur durch die darin gelösten Bestandteile hervorgerufen werden.

IV. Zusammenfassung

Die vorliegenden Beiträge zur *D*- und *V*-Struktur von Wasser und speziellen wäßrigen Elektrolytlösungen geben insbesondere eine Antwort auf die Frage nach der Struktur von Thermalwässern (Konzentration $c < 3 \cdot 10^{-2}$ mol/*l*). Die zur Erfassung des Einflusses der gelösten Bestandteile auf die Struktur des Wassers mit dem vom Verfasser aufgebauten Dampfdruck-Osmometer ermittelten mittleren osmotischen (g) und Aktivitätskoeffizienten (Logarithmen, -lnf) der gelösten Bestandteile dieser Lösungen stimmen innerhalb des Fehlerbereichs ($\leq 4\%$) mit den nach DEBYE und HÜCKEL bestimmten theoretischen Werten überein. Langzeitänderungen der Thermalwässer, die sich u. a. in einer exponentiellen Abnahme ihrer *UV*-Transmission äußern, sind mit einer Abnahme des mittleren Aktivitätskoeffizienten des gelösten verbunden und können demzufolge im Sinne von Ionenassoziationsbildung gedeutet werden. — Elektronenanlagerungs-massenspektrographische Untersuchungen, bei denen in der Gasphase neben monomeren auch di-, tri- und tetramere Wasserassoziate nachgewiesen werden konnten, zeigen keine Unterschiede der Clusterstruktur von Wasser und *T.W.* Sie gestatten außerdem die Präzisierung der bei o. g. Berechnungen verwendeten Dielektrizitätskonstanten und isothermen Kompressibilität. Die Untersuchungen zur Schwingungsstruktur beschränken sich auf die Diskussion der intensiven OH-Valenzassoziationsbande des Wassers und der wäßrigen Lösungen. Ihre Analyse im *IR*-Grundschwingungsgebiet wird infolge kapillaradsorptiver Einflüsse erschwert: Bei der gewöhnlichen Benutzung von KRS-5-Fenstern als Küvettenmaterial variiert je nach Benetzung (Schichtdicke) die Frequenzlage des Maximums dieser Bande im Bereich $\nu \approx (3280-3460)$ cm^{-1}, (wobei mit abnehmender Frequenz ν_{max} die „Bandenschärfe" $1 - T_{max}/HWB$ zunimmt). Die Kenntnis der Wechselwirkungsenergie Adsorbat—Adsorbens (bei monomolekularer H_2O-Bedeckung), die unter den angegebenen Voraussetzungen für das System H_2O/KRS-5 etwa zehnmal größer als für das System H_2O/Polyäthylen ist, erlaubt über die Normalschwingungsanalyse diese unterschiedlichen gemessenen Frequenzen zu erklären. Dagegen sind bei ramanspektrometrischen Untersuchungen natürlich derartige Adsorptionswechselwirkungen vernachlässigbar. — Die Ermittlung des wahren Profils o. g. RAMAN-Bande erfolgt über die Faltung mittels FOURIER-Transformation bzw. mittels VOIGT-Funktionen (letztere erweisen sich als weniger geeignet). Im Falle der Entzerrung mittels FOURIER-Transformation ergibt sich für die analysierten Beispiele eine vernachlässigbare Abweichung des gemessenen vom wahren Profil. Das Intensitäts- und Frequenzverhalten von Oberton $2\nu_2$ und symmetrischer Valenzschwingung ν_1 wurde nach Zerlegung dieses Profils in seine Teilprofile (durch nichtlineare Ausgleichung) bestimmt: Das Verhältnis $I(\nu_1)/I(2\nu_2)$ wächst linear mit zunehmender Temperatur. Für die untersuchten *T.W.* ergeben sich demnach Strukturtemperaturen von $\approx 3°$ K im Falle 𝔄 und 4° K im Falle 𝔈. Durch Vergleich wäßriger Lösungen 1-1-wertiger Elektrolyte wird der Elektrolyteinfluß untersucht. Der Anioneneffekt bei gleichen Kationen äußert dabei sich z. B. in einer Zunahme der für die Ionenhydratation charakteristischen Größe $\alpha_x = \Delta[I(\nu_1)/I(2\nu_2)]/\Delta c_x$ bei Vergrößerung des Anionenradius. α_x ist über einen exponentiellen Zusammenhang z. B. mit der Summe der Fluidität von Anion und Kation bzw. mit der Summe der Strukturbrechungsentropie von Anion und Kation korreliert.

Bei Kenntnis dieser exponentiellen Abhängigkeit z. B. für eine Reihe 1-1-wertiger wäßriger Elektrolyte ist es möglich, für einen unbekannten 1-1-wertigen wäßrigen Elektrolyten mit gleichem Kation und auch für dessen Anion allein die Fluidität sowie die Strukturbrechungsentropie zu bestimmen.

Die vorliegenden *D*- und *V*-Strukturuntersuchungen zeigen auch, daß bei den untersuchten *T.W.* kein anomales Strukturverhalten auftritt und somit die einleitend genannte biologische Wirksamkeit der *T.W.* anderen Faktoren (z. B. deren Spurenelementen — sie konnten mit massenspektrographischen Analysen an pulverförmigen Rückständen verschiedener *T.W.* der DDR und ČSSR bis zu 1 ppm-Konzentrationen nachgewiesen werden, vgl. [38], sie fehlen aber weitgehend in solchen von Oberflächenwässern, vgl. [39]) zuzuordnen ist.

*

Herrn *Prof. Dr. W. Buchheim* möchte ich für die Unterstützung sowie für die Anregung und Betreuung dieser Arbeit danken.

Darüberhinaus möchte ich danken den Herren *Prof. Dr. M. Schubert*, *Prof. Dr. W. Ebeling*, *Prof. Dr. Dr. h.c. K. Schwabe*, *Prof. Dr. H. Schneider* und *Prof. Dr. H. Jordan* für ihr förderndes Interesse.

In diese Danksagung möchte ich meine Kollegen einschließen, insbesondere Herrn *Dr. G. Irmer* für wertvolle Diskussionen sowie die Herren Meister *G. Löscher* und Meister *H. Fischer* für die sorgfältige mechanische und elektronische Anfertigung der erforderlichen Geräte.

Der *Sächsischen Akademie der Wissenschaften zu Leipzig* sei weiterhin für die Förderung und die Bereitstellung finanzieller Mittel sowie der Bergakademie Freiberg (Sektion Physik) für die jahrelange Gastfreundschaft herzlich gedankt.

LITERATUR

Kapitel I:

[1] WICKE, E.: *Strukturbildung und molekulare Beweglichkeit im Wasser und in wäßrigen Lösungen.* Angew. Chem. **78** (1966), 1—24.
[2] KISELEVA, V. F. i V. I. KVLIVIDZE: *Svjasannaja voda v dispersnych sistemach. Moskovskogo Universiteta Isdatel'stwo* (1970).
[3] DERJAGIN, B. V. i N. N. FEDJAKIN: *Osobye svojstva i vjaskost' židkostej, skondensirovavščichsja v kapilljarach.* Dokl. A.N. SSSR **147** (1962), 403—406.
[4] N. N.: *Anomalnaja voda otkrytie ili oshibki?* Chimija *i* žisn **5** (1969), 37—44.
[5] VOUK, V.: *Grundriß zu einer Balneologie der Thermen.* Basel: Verlag Birkhäuser 1950.
[6] VOUK, V.: *Ein neuer Versuchsweg zur Klärung der Frage der balneologischen Wirkung des Thermalwassers.* Der Balneologe, 8. Jg. (1941), 71—73.
[7] DEBYE, P. und E. HÜCKEL: In Kap. II., [1].
[8] FRIEDMAN, H. L.: *Thermodynamic excess functions for electrolyt solutions.* J. Chem. Phys. **32** (1960), 1352—1362.
[9] SCATCHARD, C., R. M. RUSH and J. S. JOHNSON: In Kap. II., [4].
[10] ACKERMANN, T. und K. ZWERNEMANN: In Kap. III., [6].
[11] LUCK, W. A. P. und W. DITTER: In Kap. III., [3].
[12] KLASSEN, W. I.: In Kap. III., [2].
[13] BELLAMY, L. J., A. R. OSBORN, E. R. LIPPINCOTT and A. R. BANDY: In Kap. III., [13].
[14] LANDOLT-BÖRNSTEIN: *Zahlenwerte und Funktionen,* I. Bd., 3. Teil Molekeln II, S. 54. Berlin: Verlag J. Springer 1951.

Kapitel II:

[1] DEBYE, P. und E. HÜCKEL: *Zur Theorie der Elektrolyte.* I. Gefrierpunktserniedrigungen und verwandte Erscheinungen. Physik. Z. **24** (1923), 185—206.
[2] ROBINSON, R. A. and R. H. STOKES: *The Debye-Hückel-Method for the theoretical calculation of activity coefficients.* In: *Electrolyte solutions,* p. 137—151.
London: Butterworth Scientific Publications 1959.
[3] RUSH, R. M. and J. S. JOHNSON: In [4]: J. Chem. Eng. Data **11** (1966), 590.
[4] SCATCHARD, G., R. M. RUSH and J. S. JOHNSON: *Osmotic and activity coefficients for binary mixtures of sodium chloride, sodium sulfate, magnesium sulfate in water at 25°.* III. Treatment with the ions as components. J. Phys. Chem. **74** (1970), 3786—3796.
[5] FALKENHAGEN, H.: *Electrolyte,* 2. Aufl., S. 79. Leipzig: Verlag S. Hirzel 1953.
[6] FALKENHAGEN, H.: Ebenda, S. 73—74.
[7] FALKENHAGEN, H.: Ebenda, S. 83.
[8] JORDAN, H.: *Udluft-Schemata z. Bäderb. d. DDR,* S. 42—43. Leipzig: Verlag G. Thieme 1967.
[9] ROBINSON, R. A. and R. H. STOKES: In [2], p. 150.
[10] FALKENHAGEN, H.: In [5], S. 93.
[11] FALKENHAGEN, H.: Ebenda, S. 218—221.
[12] HILL, A. V.: *A thermal method of measuring the vapour pressure an aqueous solution.* Proc. Roy. Soc., Ser. A, **17** (1930), 9—19.
[13] BRADÝ, A. P., H. HUFF and J. W. MCBAIN: *Measurement of vapour pressure by means of matched thermistors.* J. Physic. and Coll. Chemistry **55** (1951), 304—311.
[14] KLOSE, M.: Patentschrift „Dampfdruckosmometer" WP 421/149772.
[15] BRDIČKA, R.: *Grundlagen der physikalischen Chemie.* S. 451.
Berlin: VEB Deutscher Verlag d. Wissenschaften 1969.
[16] FREISE, V.: *Chemische Thermodynamik,* S. 133 Mannheim/Zürich: Bibliographisches Institut 1969.

[17] Brdička, R.: In [15], S. 390.
[18] Kelbg, G.: *Untersuchungen zur statistisch-mechanischen Theorie starker Elektrolyte* III. Z. phys. Chem. **214** (1960), 26–38.
[19] Bjerrum, N.: *Zur Thermodynamik des Aktivitätskoeffizienten und des osmotischen Koeffizienten.* Z. phys. Chem. **104** (1923), 406–432.
[20] Arrhenius, Sv.: In [5], S. 26.
[21] Falkenhagen, H.: *Theorie der Electrolyte,* S. 414 Leipzig: Verlag S. Hirzel 1971.
[22] Klose, M.: *Beiträge über Langzeitänderungen spezieller Thermalwässer.* Arch. Phys. Ther. 1971 (im Druck).
[23] Falkenhagen, H.: In [5], S. 26.
[24] Mitteilung des Forschungsinstitutes für Balneologie und Kurortwissenschaft Bad Elster.
[25] Reuter, H. und G. Reichel: Plaste und Kautschuk 16. Jg. H. 9 (1969), S. 669.
[26] Klose, M.: *Laser-ramanspektroskopische Grundlagenuntersuchungen an Schmierstoffen.* Informationsdienst WTZ für Schmierstoffe, Kraftstoffe u. Schmierstoffanwendungen in VEB Mineralölwerk Lützkendorf, H. 7 (1970), S. 23.
[27] v. Ardenne, M.: *Fortschritte in der Elektronenanlagerungs-Massenspektrographie vielstomiger Moleküle.* Z. angew. Phys. **11** (1959), 121–131.
[28] Loeb, L. B.: In S. Flügge, *Handb. d. Physik,* Bd. 1, S. 460. Berlin—Göttingen—Heidelberg: Springer-Verlag 1960.
[29] v. Ardenne, M., K. Steinfelder, R. Tümmler: *Elektronenanlagerungs-Massenspektrogramme kondensierter Kohlenwasserstoffe.* Angew. Chem. 73. Jg. (1961), 136–142.
[30] Beckey, H. D.: *Massenspektrometrische Untersuchungen mit Hilfe einer Feldemissions-Ionenquelle.* Zeitschr. f. Naturf. **14a** (1959), S. 712.
[31] Beckey, H. D.: *Massenspektrometrische Untersuchungen über Ionen-Molekülreaktionen und über die Assoziation des Wassers mit Hilfe einer Feldionenquelle.* Zeitschr. f. Naturf. **15a** (1960), 822–827.
[32] Eigen, M.: *Über den Zustand des Protons (Hydroniumions) in wäßriger Lösung.* Phys. Chem. N. F. **1** (1954), 340–364.
[33] Klose, M. und R. Tümmler: *Elektronenanlagerungen (= EA)-massenspektrographische Untersuchung zur Clusterstruktur von Wasser.* Int. J. Mass Spectry. Ion Phys. **8**, 73 (1972).
[34] Beckey, H. D.: Gutachten zu [37].
[35] Landolt-Börnstein: *Zahlenwerte und Funktionen.* 2. Bd., 2. Teil, Bandteil a, 931–932. Berlin: Verlag J. Springer 1960.

Kapitel III:

[1] Steger, E. und K. Herzog: *Über Küvettenfenster mit Polyäthylenaufschmelzschichten.* Z. Chem. 3. Jg., H. 1 (1963), 142–147.
[2] Klassen, W. I.: *Izmerenie infrakrasnogo spektra pogloščenija razbavlennogo rastwora* H_2O *v* D_2O *posle prochoždenija skvoz magnitnoje polje.* Dokl. A. N. SSSR **183** (1968), 1123–1126.
[3] Luck, W. A. P. und W. Ditter: *Kann man anomales Wasser spektroskopisch in Kapillaren nachweisen?* Naturwiss. 57. Jg., H. 3 (1970), S. 126.
[4] Jones, R. N.: *The absorption of radiation by inhomogenously dispersed systems.* J. Amer. Chem. Soc. **74** (1952), 2681–2689.
[5] Landau, L. D., A. L. Achieser und E. M. Lifschitz: *Mechanik und Molekularphysik,* S. 115. Berlin: Akademie-Verlag 1970.
[6] Ackermann, T. und K. Zwernemann: *Infrarotspektroskopische Untersuchung der Ionenhydratation an Anionenaustauscherfolien am quaternierten Poly-p-dimethylaminostyrol.* Z. Elektroch. Ber. Bunsenges. **73**, Nr. 5 (1969), 446–452.
[7] Kunath, D., H.-J. Spangenberg, H. Stach und W. Schirmer: *Sorptionsformen des Wassers in Zeolithen vom Typ A.* Z. Chem. 10. Jg., H. 1 (1970), 1–9.
[8] Kirkwood, J. und A. Müller: In H. A. Stuart: *Molekül-Struktur.* 3. Aufl. S. 44. Berlin—Heidelberg—New York: Springer-Verlag.
[9] Iljin, B. W.: *Die Natur der Adsorptionskräfte.* Berlin: VEB Deutscher Verlag der Wissenschaften 1954.
[10] Stillinger, F. H.: *Effective pair interactions in liquids, water.* Phys. Chem. **74** (1970), 3677–3687.
[11] Wicke, E.: In Kap. I., [1].
[12] Price, W. C., W. F. Sherman and G. R. Wilkinson: *Infra-red studies of water adsorbed on alkali halides.* Proc. Roy. Soc. **247** (1958), 467–468.
[13] Bellamy, L. J., A. R. Osborn, E. R. Lippincott and A. R. Bandy: *Studies of the molecular structure and spectra of anomalous water.* Chemistry and Industry (1969), 686–689.
[14] Palm, A.: *Normal coordinate analysis.* J. Chem. Phys. **26** (1957), 855–859.
[15] Decius, J. C.: *A tabulation of general formulas for inverse kinetic energy matrix elements in acyclic molecules.* J. Chem. Phys. **16** (1948), 1025–1034.

[16] EISENBERG, D. and W. KAUZMANN: *The structure and properties of water*, p. 21. Oxford: at the Clarendon Press. 1969.

[17] FROHNSDORFF, G. J. C. and G. L. KINGTON: *A note on the thermodynamic properties and infra-red spectra of sorbed water*. Proc. Roy. Soc. — Ser. A **247** (1958), 469—472.

[18] MAGAT, P. M.: *Sur le spectre Raman le l'eau liquide*. J. de Physique et le Radium **5**, Ser. 7 (1934), 347—356.

[19] WESTON, R. E., jr.: *Raman spectra of electrolyte solutions in light and heavy water*. Spectrochim. Acta **18** (1962), 1257—1277.

[20] BUSING, W. R. and D. F. HORNIG: *The effect of dissolved* KBr, KOH *or* HCl *on the Raman spectrum of water*. J. Phys. Chem. **65** (1961), 284—292.

[21] WALRAFEN, G. E.: *Raman spectral studies of aqueous solutions of selenious acid*. J. Chem. Phys. **36** (1962), 90—93.

[22] WALRAFEN, G. E.: *Raman spectral studies of the effects of electrolytes on water*. J. Chem. Phys. **36** (1962), 1035—1042.

[23] WALRAFEN, G. E.: *Raman spectral studies of water structure*. J. Chem. Phys. **40** (1964), 3249—3256.

[24] REA, D. G.: *Study of the experimental factors effecting Raman band densities in liquids*. J. opt. Soc. Amer. **49** (1959), 90—101.

[25] SCHULTZ, J. W. and D. F. HORNIG: *The effect of dissolved alkali halides on the Raman spectrum of water*. J. Phys. Chem. **65** (1961), 2131—2138.

[26] BRANDMÜLLER, J., H. MOSER: *Einführung in die Ramanspektroskopie*. S. 244—245. Darmstadt: Dr. D. Steinkopff-Verlag 1962.

[27] D'ANS, J., und LAX, E.: *Taschenbuch für Chemiker und Physiker*. 1. Bd. 3. Auflage. Springer-Verlag. Berlin—Heidelberg—New York 1967, S. 627.

[28] BAŠULIN, P. A., S. G. RAUTIAN, A. J. SOKOLOWSKAJA i M. M. SUŠČINSKIJ: *Metody issledowanija širina linii kombinacionnogo rassejanie sweta i ich priminenie*. Ž. eksp. i teor. fis. **29** (1955), vyp. 6, 822—829.

[29] SCHUBERT, M.: *Über die unvermeidlichen Fehler bei der Registrierung von Spektren*. Exp. Techn. Phys. **6** (1958), 203—216.

[30] WALTER, W.: Diplomarbeit. Humboldt-Universität, Berlin (1967).

[31] STOKES, A. R.: *A numerical Fourier-analysis method for the correction of widths and shapes of lines on x-ray powder photographs*. Proc. physic. Soc., Sect. *A* **61** (1942), 382—391.

[32] BRÜCKNER, W. und E. WIESER: *Ein ALGOL-60-Programm zur Auswertung von Mössbauer-Spektren*. Exp. Techn. Phys. 19. Jg. H. 1 (1971), 31—37.

[33] EISENBERG, D. und W. KAUZMANN: In [16], p. 8.

[34] MEISEL, W.: *Zur rechnerischen Auswertung von Mössbauerspektren*. Exp. Techn. Phys. 19. Jg., H. 1 (1971), 23—30.

[35] ELSTE, G.: *Die Entzerrung von Spektrallinien unter Verwendung von Voigtfunktionen*. Z. Astrophys. **33** (1953), 39—73.

[36] MOSER, H.: *Über das apparative Linienprofil bei Prismenspektrographen*. Sitz.-Ber. Bayer. Akad. Wiss. math.-nat. Kl. Jg. 1955, 53—107.

[37] SUTHERLAND, G. B. B. M.: Proc. Roy. Soc. (London) *A* **141**, (1933) 535, in [19].

[38] KLOSE, M.: *Massenspektrographische Analyse von pulverförmigen Thermalwasserrückständen*. Z. Anal. Chem. **254**, 7—15 (1971).

[39] KLOSE, M.: *Analysenvergleiche einiger Thermal- und Oberflächenwässer durch Massenspektrometrie und UV-Absorptionsspektrometrie*. Z. Anal. Chem. **254**, 195—198 (1971).

Kolibri 360 GmbH
Ferdinand-Jühlke-Straße 7
99095 Erfurt, Deutschland
produktsicherheit@kolibri360.de